高等职业教育校企合作双元新形态教材

高等职业教育土木建筑类专业系列特色教材

土木工程材料与检测

（智媒体活页式）

主 编 张巨璟

西南交通大学出版社

·成 都·

图书在版编目（CIP）数据

土木工程材料与检测：智媒体活页式 / 张巨璟主编
. 一成都：西南交通大学出版社，2023.8
ISBN 978-7-5643-9464-6

Ⅰ．①土… Ⅱ．①张… Ⅲ.①土木工程－建筑材料－
教材 Ⅳ．①TU5

中国国家版本馆 CIP 数据核字（2023）第 161645 号

Tumu Gongcheng Cailiao yu Jiance (Zhimeiti Huoyeshi)

土木工程材料与检测（智媒体活页式）

主编　张巨璟

责任编辑　　陈　斌
封面设计　　何东琳设计工作室

出版发行　　西南交通大学出版社
　　　　　　（四川省成都市金牛区二环路北一段 111 号
　　　　　　西南交通大学创新大厦 21 楼）
邮政编码　　610031
发行部电话　028-87600564　028-87600533
网址　　　　http：//www.xnjdcbs.com
印刷　　　　四川玖艺呈现印刷有限公司

成品尺寸　　185 mm×260 mm
印张　　　　18.25
字数　　　　412 千
版次　　　　2023 年 8 月第 1 版
印次　　　　2023 年 8 月第 1 次
定价　　　　58.00 元
书号　　　　ISBN 978-7-5643-9464-6

课件咨询电话：028-81435775
图书如有印装质量问题　本社负责退换
版权所有　盗版必究　举报电话：028-87600562

前　言
PREFACE

　　"土木工程材料与检测"是高等职业院校土木建筑大类和交通运输大类的一门专业基础课，涉及专业领域有建筑工程、道路工程、桥梁工程、地下工程和水利工程等。本课程任务是让学生能正确选用和使用土木工程材料，并能够对施工现场土木工程材料进行质量性能检测，同时为后续课程的学习打下坚实的基础。

　　基于建筑行业智能化发展趋势和中国特色高水平专业群建设单位的建设要求，本课程从"服务城市建造、乡村振兴"出发，以"土木工程材料选材、制备、技术检测和储运"为学习主线，深入挖掘"中国建造、劳动精神、工匠精神"等思政元素内涵，形成"德育为先、品技双修"的课程教学培养标准，提出"以生为本、知行合一、校企共育、师生共进"课程理念。

　　本书以试验员的岗位职业标准为依据，以职业能力培养为核心，以工作过程为主导，以信息化技术为载体，根据高等职业院校办学的需要，紧密依托行业，邀请企业专家指导、参与课程开发。同时，将有关行业技术标准融入教材内容中，培养学生的"标准"思维。将材料的生产、制备、技术性质、性能检测、储存等内容通过工程案例深入浅出地进行阐述，以任务单的形式培养学生的主动创新和团队合作意识。通过本课程的学习，学生应了解和掌握土木工程材料的技术要求、技术性质。本课程能培养学生经济合理地选用和正确使用土木工程材料的能力，同时培养学生具备对常用土木工程材料的主要技术指标进行检测的能力，使学生能够符合材料员、试验员和质检员等职业岗位的要求。

　　本课程的前续课程是"土木工程概论"，后续课程有"建筑构造与识图""建筑施工技术""建筑工程计量与计价""建筑工程质量控制""桥梁施工技术""公路工程施工组织与概预算"等。

本书由陕西职业技术学院张巨璟、任雁、赵静源、姚芬、韩璐编写。由于编者水平有限，书中难免有疏漏和不足之处，恳请读者批评指正。

在本书编写过程中，来自工程实践一线的企业专家们给予了极大的帮助和支持。其中有：中铁三局集团有限公司太原建辉工程检测有限公司试验室主任魏楠、副主任贾伟力，技术员高文聪；陕西中立检测鉴定有限公司代建波、熊新、马稼乐；陕西杰信建设集团有限公司董事长陈文；西安建筑科技大学设计研究总院有限公司黄帅等。几位工程师为教材的编写提供了宝贵的业务指导和案例资源，在此表示最诚挚的感谢。

本书配套在线课程资源，课程链接为：https://www.xueyinonline.com/detail/232838493。

本教材属于陕西省高等教育教学改革研究（一般）项目资助。项目名称："1＋X"证书制度背景下教师工程实践教学能力提升策略研究；项目编号：21GY042。

编　者

2023 年 5 月

目 录
CONTENTS

项目 1
气硬性胶凝材料的性质与检测

项目目标

知识目标：

1. 了解气硬性胶凝材料（石灰、石膏）的原料和生产；
2. 熟悉气硬性胶凝材料（石灰、石膏）的水化、凝结、硬化规律；
3. 掌握气硬性胶凝材料（石灰、石膏）的性质和应用。

能力目标：

1. 能检测气硬性胶凝材料（石灰、石膏）的相关技术性能；
2. 能按照施工和规范要求合理选用气硬性胶凝材料（石灰、石膏）。

素质目标：

1. 培养沟通协调、团队合作的能力；
2. 培养吃苦耐劳、精细规范的品格；
3. 培养精益求精、严谨细致的职业精神。

项目任务

本项目选取的工程为西安某住宅小区项目，位于西安市未央区。项目共有六栋 15 层住宅、三栋 6 层住宅及若干商业用房，地下室一层；结构类型为框-剪结构，基础类型有独立基础和桩基础两种形式，结构设计使用年限 50 年；黄土地区建筑物分类、湿陷等级为 I 级轻微湿陷性，结构安全等级为二级，抗震设防烈度为 8 度，结构环境类别为一类和二 b 类；工程使用的主要结构材料有混凝土、钢筋、水泥砂浆、实心砖、加气混凝土砌块等。

现该工程 3 号楼前路面施工，需要用到三合土，2 号楼已完工，部分室内装饰需要用石膏。请根据相关标准和规范进行石灰、石膏的性能检测，填写检测记录表，检测其相关技术性能是否满足工程需求。

任务 1.1 石灰的性质与检测

1.1.1 任务描述

任务单

任务 1	石灰的性质与检测	学时	2
学习目标	1. 了解石灰的原料和生产； 2. 掌握石灰的性质与应用； 3. 能够根据工程需求合理选择石灰； 4. 会制订小组任务实施计划，组织实施后形成评价反馈； 5. 能够科学严谨地分析问题、解决问题		
任务描述	根据项目要求的道路基层施工，基层环境较为潮湿，拟采用三合土作为路基材料。具体任务要求如下： 1. 按照规范和施工要求进行石灰性质检测； 2. 根据任务制订本小组工作计划； 3. 按照要求完成材料的选用		
资讯问题	1. 石灰的生产材料有哪些？		
	2. 石灰的生产过程和生产条件是什么？		
	3. 什么是石灰的熟化和硬化？		
	4. 石灰的技术特性有哪些？		
	5. 石灰的主要工程应用有哪些？		
资讯引导	查阅书籍和相关规范、标准，利用国家、省级、校内课程资源学习。 相关规范：《建筑石灰试验方法》（JC/T 478.1—2013）；《建筑石灰取样方法》（JC/T 620—2021）		
思政资源	 <p align="center">石灰吟</p>		

1.1.2　任务实施

实施单

任务 1	石灰松散密度、细度试验	学时	2
班级		组号	
实施方式	按最佳计划，各小组成员共同完成实施工作		

试验环境	温度		湿度		是否满足试验要求	是
						否

原材料描述	
仪器准备	
取样方法	
试验结果与分析	

组长签字		教师签字		日期：　年　月　日

1.1.3 评价反馈

教学反馈单

任务 1	石灰松散密度、细度试验		学时		2
班级		学号		姓名	
调查方式	对学生知识掌握、能力培养的程度，学习与工作的方法及环境进行调查				

序号	调查内容	是	否
1	你了解石灰的取样方法吗？		
2	你学会了石灰的松散密度和细度计算吗？		
3	你能熟练进行石灰的松散密度和细度的试验吗？		
4	你了解生石灰的产品标识吗？		
5	你会制备石灰试验样品吗？		
6	你对本任务的教学方式满意吗？		
7	你对本小组的学习和工作满意吗？		
8	你对教学环境适应吗？		
9	你有规范计算取值的意识吗？		

其他改进教学的建议：

本调查人签名		调查时间	年 月 日

1.1.4 任务拓展

能力提升单

任务 1	石灰松散密度、细度试验		学时	2
班级		学号	姓名	
巩固强化练习	 线上答题练习			
拓展任务	工程案例： 　　陕西职业技术学院建筑工程学院实训中心——土木工程材料与检测实训室扩建项目，路面需要硬化，路基施工用三合土，需检测石灰性能，根据相关标准和规范进行验收和检测。要求工作过程符合 7S 管理规范①。 　　任务发布： 　　请各小组同学根据给定资料，在充分调研原材料情况的前提下，完成该工程所用石灰松散密度、细度试验，并将结果提交			
工作过程				
组长签字		老师签字	日期：　年　月　日	

――――――――

① 7S 管理规范：指由整理、整顿、清洁、清扫、素养、安全、节约这 7 个词语英语单词首字母组成。

1.1.5 相关知识

胶凝材料是指在一定条件下通过自身的一系列变化，能把其他材料胶结成具有一定强度的整体的材料，通常分为有机和无机两大类。

有机胶凝材料是指以天然的或人工合成的高分子化合物为基本组分的一类胶凝材料，如沥青、树脂等。

无机胶凝材料是指以无机矿物为主要成分的材料，当其与水或水溶液拌和后形成的浆体，经过一系列物理化学变化，而将其他材料胶结成具有一定强度的整体，如石灰、水泥、石膏等。

无机胶凝材料根据硬化条件不同又分为气硬性和水硬性两种。

气硬性胶凝材料一般只能在空气中硬化并保持其强度，如石灰、石膏等。

水硬性胶凝材料既能在空气中硬化，又能在水中继续硬化并保持和发展其强度，如水泥等。

石灰是建筑上使用最早的胶凝材料之一。由于其分布范围广，生产工艺简单，成本低廉，使用方便，因此在建筑工程中应用广泛。如图 1-1 所示为生石灰和生石灰粉。

图 1-1　生石灰和生石灰粉

一、石灰的生产

石灰是由石灰岩煅烧而成。石灰岩的主要成分是碳酸钙（$CaCO_3$），并有少量碳酸镁（$MgCO_3$），还有黏土等杂质。

石灰岩在适当温度（900~1 000 ℃）下煅烧，得到以 CaO 为主要成分的物质即石灰，也叫生石灰。

石灰的生产
工艺流程

$$CaCO_3 \xrightarrow{900\ ℃} CaO + CO_2 \uparrow$$

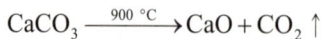

石灰岩的煅烧温度要适宜，煅烧正常的块状石灰（称正火石灰）是疏松多孔结构，CaO 含量高，密度为 3.1~3.4 g/cm^3，堆积密度比石灰岩小，为 800~1 000 kg/m^3，白色微黄，且色质均匀。

生产石灰时因释放出 CO_2，会带去部分热量，另外石灰石块大小不一会使部分块体不能完全煅烧。为使 $CaCO_3$ 充分分解并提高分解速度，必须提高温度，但煅烧温度过高或过低，或煅烧时间过长或过短，都会影响石灰的质量。

煅烧温度太低或煅烧时间不足，将会有部分 $CaCO_3$ 未完全分解，产生欠火石灰。欠火石灰产浆量低，有效氧化钙和氧化镁含量低，使用时黏结力不足，质量较差。

若煅烧温度过高、煅烧时间过长，石灰岩中所含黏土杂质中的 SiO_2、Al_2O_3 等成分，在高温条件下能与 $CaCO_3$ 分解生成的 CaO 作用，生成硅酸钙、铝酸钙和铁酸钙等矿物，使石灰窑内物料熔点降低，出现玻璃状熔融物（呈液相），堵塞 CO_2 排出后在料块中留下的孔隙，成为过火石灰（或称死烧石灰），从而使多孔结构的石灰变得致密，表观密度增大。过火石灰呈黄褐色，由于内部结构致密，水化反应极慢。当石灰浆中含有这类过火石灰时，它将在石灰浆硬化后才发生水化作用，于是会因产生膨胀而引起崩裂或隆起等现象，严重影响工程质量。

二、生石灰的熟化和硬化

生石灰与水发生反应生成熟石灰的过程，称为石灰的熟化（又称消解或消化）。熟化后的石灰称为熟石灰，其主要成分为 $Ca(OH)_2$。

$$CaO + H_2O \longrightarrow Ca(OH)_2$$

石灰在熟化过程中，放出大量的热，散热速度也快，同时体积膨胀约 1.0~2.5 倍，易在工程中造成事故，故在石灰熟化过程中应注意安全，防止烧伤、烫伤。根据熟化时加水量的不同，熟石灰可呈粉状或浆状。

在建筑工程中，生石灰必须充分熟化后方可使用，为保证生石灰充分熟化，一般在工地上将块灰放在化灰池内加入石灰质量 2.5~3.0 倍的水，熟化后通过网孔流入储灰坑。

为了消除过火石灰的危害，必须将石灰聚在储灰池中存放两星期以上，这一过程叫石灰的"陈伏"。陈伏期间，石灰浆表面应留有一层水，与空气隔绝，以免石灰碳化。

石灰的硬化包含下面两个同时进行的过程。

1. 结晶过程——物理过程

石灰膏中的游离水分一部分蒸发掉，一部分被砌体吸收。由于饱和溶液中水分的减少，微溶于水的 $Ca(OH)_2$ 以胶体析出，随着时间的增长，胶体逐渐变浓，部分 $Ca(OH)_2$ 结晶，这样，晶体胶体逐渐结合成固体。

2. 碳化过程——化学过程 + 物理过程

石灰膏体表面的氢氧化钙与空气中的二氧化碳作用，反应生成碳酸钙，不溶于水的碳酸钙由于水分的蒸发而逐渐结晶。其反应式为：

$$Ca(OH)_2 + CO_2 + nH_2O \xrightarrow{碳化} CaCO_3 + (n+1)H_2O$$

这个反应实际是二氧化碳与水结合生成碳酸，碳酸再与氢氧化钙作用生产碳酸钙。如果没有水，这个反应就不能进行。

碳化作用是从熟石灰表面开始缓慢进行的。生成的碳酸钙晶体与氢氧化钙晶体交叉连生，形成网络状结构，使石灰具有一定的强度。表面形成的碳酸钙结构致密，会阻碍二氧化碳进一步进入。且空气中二氧化碳的浓度很低，在相当长的时间内，仍然是表层为 CaO，内部为 $Ca(OH)_2$，因此石灰的硬化是一个相当慢的过程。

三、石灰的技术性质

1. 石灰的分类及指标

根据石灰中 MgO 含量的多少，可将石灰分为钙质石灰和镁质石灰。根据化学成分的含量，每类分成各个不同等级，见表 1-1。

表 1-1 建筑生石灰的分类

类别	名称	代号
钙质石灰	钙质石灰 90	CL90
	钙质石灰 85	CL85
	钙质石灰 75	CL75
镁质石灰	镁质石灰 85	ML85
	镁质石灰 80	ML80

按照标准《建筑生石灰》（JC/T 479—2013）的规定，建筑生石灰可分为优等品、一等品、合格品三个等级。建筑生石灰的物理性质见表 1-2。

表 1-2 建筑生石灰的物理性质

名称	产浆量 （dm^3/10 kg）	细度	
		0.2 mm 筛余量/%	90 μm 筛余量/%
CL90-Q	≥26	—	—
CL90-QP	—	≤2	≤7
CL85-Q	≥26	—	—
CL85-QP	—	≤2	≤7
CL75-Q	≥26	—	—
CL75-QP	—	≤2	≤7
ML85-Q		—	—
ML85-QP	—	≤2	≤7
ML80-Q		—	—
ML80-QP	—	≤7	≤2

2. 石灰的特性

（1）可塑性及保水性好。

保水性是指固体材料与水混合时，能够保持水分不易泌出的能力。由于石灰膏中 $Ca(OH)_2$ 粒子极小，比表面积很大，颗粒表面能吸附一层较厚的水膜，所以石灰膏具有良好的可塑性和保水性，可以掺入水泥砂浆中，提高砂浆的保水能力，便于施工。

（2）吸湿性强，耐水性差。

生石灰在存放过程中，会吸收空气中的水分而熟化。如存放时间过长，还会发生碳化而使石灰的活性降低。硬化后的石灰如果长期处于潮湿环境或水中，$Ca(OH)_2$ 就会逐渐溶解而导致结构破坏。所以石灰耐水性差，不宜用于潮湿环境及遭受水侵蚀的部位。

（3）凝结硬化慢，强度低。

石灰浆体的凝结硬化所需时间较长。体积比为 1∶3 的石灰砂浆，其 28 d 抗压强度为 0.2~0.5 MPa。

（4）硬化后体积收缩较大。

在石灰浆体的硬化过程中，大量水分蒸发，使内部网状毛细管失水收缩，石灰会产生较大的体积收缩，导致表面开裂。因此，工程中通常需要在石灰膏中加入砂、纸筋、麻丝或其他纤维材料，以防止或减少开裂。

（5）放热量大，腐蚀性强。

生石灰的熟化是放热反应，熟化时会放出大量的热。熟石灰中的 $Ca(OH)_2$ 是一种中强碱，具有较强的腐蚀性。

四、石灰的用途

建筑工程中使用的石灰品种主要有块状生石灰、磨细生石灰、消石灰粉和熟石灰膏。除块状生石灰外，其他品种均可在工程中直接使用。

石灰助力洁净煤技术

1. 配制建筑砂浆和石灰乳

用水泥、石灰膏、砂配制成的混合砂浆广泛用于墙体砌筑或抹灰，用石灰膏与砂或纸筋、麻刀配制成的石灰砂浆、石灰纸筋灰、石灰麻刀灰广泛用作内墙、天棚的抹面砂浆。

将消石灰粉或熟化好的石灰膏加入大量的水搅拌稀释，成为石灰乳。石灰乳主要用于内墙和顶棚粉刷，可增加室内美观和亮度，是一种价廉的刷浆材料。

2. 配制三合土和灰土

三合土是采用生石灰粉（或消石灰粉）、黏土、砂为原材料，按体积比为 1∶2∶3 的比例加水拌和均匀夯实而成。灰土是用生石灰粉和黏土按 1∶（2~4）的体积比，加水拌和夯实而成。灰土、三合土经分层摊铺夯实后，其抗压强度可达 4~5 MPa。在长期使用中，石灰和黏土会发生复杂的化学反应，强度、耐水性进一步提高，所以多用作基础垫层。

3. 生产硅酸盐制品

以石灰为原料，可生产硅酸盐制品（以石灰和硅质材料为原料，加水拌和，经成型、蒸养或蒸压处理等工序而制成的建筑材料），如蒸压灰砂砖、碳化砖、加气混凝土等。

4. 生产碳化石灰板

将磨细的生石灰掺 30%~40%的短玻璃纤维加水搅拌，振动成型，然后利用石灰窑的废气碳化而制成空心板。这种板材性能较好，能锯、能钉，可用作非承重的保温材料。

此外，石灰还可用作激发剂，掺加到高炉矿渣、粉煤灰等活性混合料内，共同磨细而制成具有水硬性的无熟料水泥。

五、石灰的储存

（1）生石灰、消石灰粉应分类、分等级储存于干燥的仓库内，且不宜长期储存，最好先消化成石灰浆，变储存期为陈伏期。

（2）生石灰受潮消化放出大量热，且体积膨胀，故储存运输要注意安全，并将其与易燃易爆物分开保管，以免引起火灾。

六、石灰松散密度和细度试验

（一）松散密度

1. 仪器设备

（1）容量筒：体积不小于 1 L。

（2）天平：称量精确到 1.0 g。

（3）刮刀。

2. 试验步骤

（1）称量容量筒（M_0），精确到 1.0 g，置于工作台上，用样品装满容量筒直至溢出。

（2）用刮刀刮平，除去多余样品，刮平过程应避免容量筒震动和样品逸出。刮平后，擦净容量筒外壁，避免样品溢出，用天平称量筒和样品质量之和（M_1）。精确到 1.0 g。

3. 结果计算

松散密度：

$$D_1 = \frac{M_1 - M_0}{V_1}$$

式中　D_1——松散密度，单位为克每立方厘米（g/cm³）；

　　　M_0——空容量筒质量，单位为克（g）；

　　　M_1——量筒与样品质量之和，单位为克（g）；

　　　V_1—容量筒的容积，单位为立方厘米（cm³）。

（二）细度试验

1. 仪器设备

（1）筛子：筛孔为 0.2 mm 和 90 μm 套筛，符合 GB/T 6003.1 的规格要求。

（2）天平：量程为 200 g，称量精确到 0.1 g。

（3）羊毛刷：4 号。

2. 试验步骤

称 100 g 样品（M），放在顶筛上。手持筛子往复摇动，不时轻轻拍打，摇动和拍打过程应保持近于水平，保持样品在整个筛子表面连续运动，用羊毛刷在筛面上轻刷，连续筛选直到 1 min 通过的试样量不大于 0.1 g，称量套装筛子每层筛子的筛余物（M_1、M_2），精确到 0.1 g。

3. 结果计算

细度：

$$X_1 = \frac{M_1}{M} \times 100$$

$$X_2 = \frac{M_1 + M_2}{M} \times 100$$

式中　X_1——0.2 mm 方孔筛筛余百分含量（%）；

　　　X_2——90 μm 方孔筛、0.2 mm 方孔筛，两筛上的总筛余百分含量（%）；

　　　M_1——0.2 mm 方孔筛筛余物质量，单位为克（g）；

　　　M_2——90 μm 方孔筛筛余物质量，单位为克（g）；

　　　M——样品质量，单位为克（g）。

📖💡 **拓展知识**

石灰的介绍

石灰的另一面

任务 1.2　石膏的性质与检测

1.2.1　任务描述

任务单

任务 2	石膏的性质与检测	学时	6
学习目标	1. 能够严格按照规范要求独立进行建筑石膏细度和堆积密度的试验； 2. 能够根据规范要求测定建筑石膏结晶水含量； 3. 会制订小组任务实施计划，组织实施后形成评价反馈； 4. 能够科学严谨地分析问题、解决问题		
任务描述	请按照《建筑石膏粉料物理性能的测定》（GB/T 17669.5—1999）进行建筑石膏粉料物理性能的测定，具体要求： 1. 按照规范要求处理粉料试样； 2. 按照规范采用手工过筛方法测定石膏的细度； 3. 按照规范测定石膏粉料的堆积密度； 4. 填写检测记录表		
资讯问题	1. 石膏胶凝材料的生产原料有哪些？		
	2. 石膏胶凝材料的生产过程和生产条件及主要分类有哪些？		
	3. 建筑石膏的凝结硬化过程是什么？技术性质和特点有哪些？		
	4. 建筑石膏的主要用途有哪些？		
资讯引导	查阅书籍和相关规范、标准，利用国家、省级、校内课程资源学习。 相关规范：《建筑石膏　粉料物理性能的测定》（GB/T 17669.5—1999）;《建筑石膏一般试验条件》（GB/T 17669.1—1999）		
思政资源	5 亿吨磷石膏如何变废为宝		

1.2.2 任务实施

实施单

任务2	石膏的性质与检测		学时	6
班级			组号	
实施方式	按最佳计划，各小组成员共同完成实施工作			
试验环境	温度		湿度		是否满足试验要求	是
						否
试验方法				
试验设备				
试验步骤				
试验结果与分析				
组长签字		教师签字		日期：　年　月　日

1.2.3 评价反馈

教学反馈单

任务2	石膏的性质与检测		学时	6
班级		学号	姓名	
调查方式	对学生知识掌握、能力培养的程度，学习与工作的方法及环境进行调查			

序号	调查内容	是	否
1	你清楚建筑石膏不同试验（标准试验和常规试验）的试验环境要求吗？		
2	你知道建筑石膏常规试验中对试验用水的具体要求吗？		
3	你能列出建筑石膏细度测定和堆积密度测定的设备清单吗？		
4	你学会了建筑石膏细度测定和堆积密度测定的方法吗？		
5	你了解建筑石膏的主要组成成分吗？		
6	你对本任务的教学方式满意吗？		
7	你对本小组的学习和工作满意吗？		
8	你对教学环境适应吗？		
9	你有规范计算取值的意识吗？		

其他改进教学的建议：

本调查人签名		调查时间	年　月　日

1.2.4 任务拓展

能力提升单

任务 2	石膏的性质与检测		学时	6
班级		学号	姓名	
巩固强化练习	<div align="center">线上答题练习</div>			
拓展任务	工程案例： 陕西职业技术学院建筑工程学院实训中心——土木工程材料与检测实训室扩建项目，室内装饰用石膏材料，请对原材料进行检测，检测过程严格按照《建筑石膏》(GB/T 9776—2022)、《建筑石膏净浆物理性能的检测》(GB/T 17669.4—1999)等相关规范要求进行。 任务发布： 请各小组同学根据给定资料，在充分调研原材料情况的前提下，完成该工程所用石膏的细度和堆积密度的检测，并将结果提交			
工作过程				
组长签字		老师签字		日期：　年　月　日

1.2.5 相关知识

一、石膏胶凝材料的生产

我国的石膏资源极其丰富，分布很广。有自然界存在的天然二水石膏（$CaSO_4 \cdot 2H_2O$，又称软石膏或生石膏）、天然无水石膏（$CaSO_4$，又称硬石膏）和各种工业副产品或废料——化学石膏，如图 1-2 所示为石膏模型及石膏板。

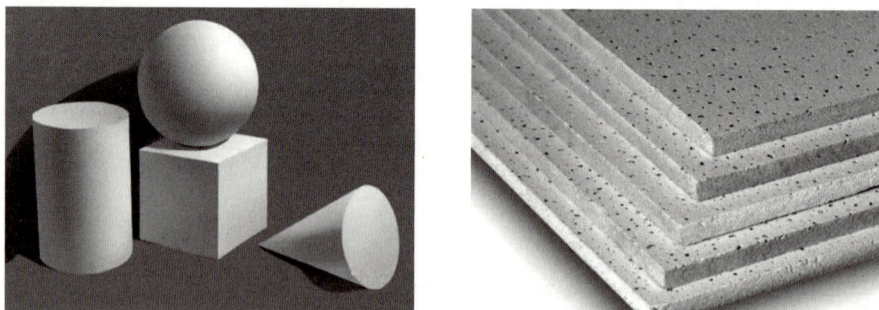

图 1-2　石膏模型及石膏板

石膏胶凝材料的生产，通常是用天然二水石膏经低温煅烧、脱水、磨细而成。

1. 建筑石膏

二水石膏在 107～170 ℃时激烈脱水，水分迅速蒸发，成为β型半水石膏（见图 1-3）。

$$CaSO_4 \cdot 2H_2O \xrightarrow{107\text{~}170\,°C} (\beta\text{型})CaSO_4 \cdot \frac{1}{2}H_2O + 1\frac{1}{2}H_2O$$

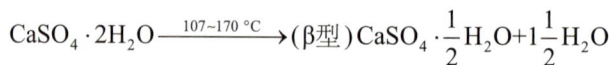

β型半水石膏磨细即为建筑石膏，其中杂质含量少、颜色洁白者称模型石膏。

2. 高强石膏

二水石膏在 0.13 MPa 压力的蒸压锅内蒸炼（温度 125 ℃）脱水，可制得α型半水石膏（见图 1-3）。

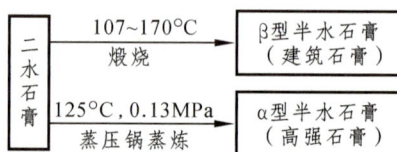

图 1-3　石膏的生产

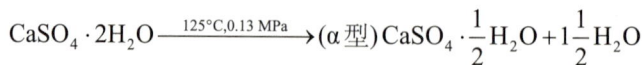

$$CaSO_4 \cdot 2H_2O \xrightarrow{125°C, 0.13\,MPa} (\alpha\text{型})CaSO_4 \cdot \frac{1}{2}H_2O + 1\frac{1}{2}H_2O$$

α型半水石膏浆体硬化后的强度较高，故又称高强石膏。

二、建筑石膏的凝结硬化

建筑石膏与适量水混合后，最初为可塑性的浆体。但很快就失去塑性而凝结硬化，继而产生强度而发展成为固体。

半水石膏遇水后将重新水化生成二水石膏，反应式如下：

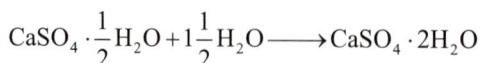

$$CaSO_4 \cdot \frac{1}{2}H_2O + 1\frac{1}{2}H_2O \longrightarrow CaSO_4 \cdot 2H_2O$$

建筑石膏凝结硬化过程：半水石膏遇水即发生溶解，溶液很快达到饱和，溶液中的半水石膏水化成为二水石膏。由于二水石膏的溶解度远比半水石膏小，所以很快从过饱和溶液中沉淀析出二水石膏的胶体微粒并不断转化为晶体。由于二水石膏的析出破坏了原有半水石膏的平衡，这时半水石膏进一步溶解和水化。如此不断地进行半水石膏的溶解和二水石膏的析出，直到半水石膏完全水化为止。

随着浆体中的自由水分因水化和蒸发而逐渐减少，浆体逐渐变稠失去塑性，呈现石膏的凝结。此后，二水石膏的晶体继续大量形成、长大，晶体之间相互接触与连生，形成结晶结构网，浆体逐渐硬化成块体，并具有一定的强度。

上述建筑石膏凝结硬化过程很快，其终凝时间不超过 30 min。在室内自然干燥的条件下，一个星期左右即完全硬化，所以施工时根据实际需要，往往加入适量的缓凝剂。

三、建筑石膏的技术性质与特点

1. 建筑石膏的技术性质

建筑石膏的密度为 2.5 ~ 2.8 g/cm^3，表观密度为 800 ~ 1 000 kg/m^3。根据《建筑石膏》（GB/T 9776—2008）的规定，按原材料种类分为天然建筑石膏（代号 N）、脱硫建筑石膏（代号 S）、磷建筑石膏（代号 P）三类。按其凝结时间、细度及强度指标分为三级，见表1-3。

表 1-3　建筑石膏的技术要求（GB/T 9776—2008）

技术指标		产品等级		
		3.0	2.0	1.6
强度/MPa	抗折强度不小于	3.0	2.0	1.6
	抗压强度不小于	6.0	4.0	3.0
细度（0.2 mm 方孔筛筛余）	不大于	10	10	10
凝结时间/min	初凝时间不小于	3		
	终凝时间不大于	30		

2. 建筑石膏的特点

（1）凝结硬化快。

建筑石膏加水搅拌后，浆体几分钟后便开始失去可塑性，30 min 内完全失去可塑性而产生强度，这给成型带来一定困难，因此在使用过程中，常掺入一些缓凝剂，如硼砂、柠檬酸、骨胶等。其中，硼砂缓凝剂效果好，用量为石膏质量的 0.2% ~ 0.5%。

（2）凝固时体积微膨胀，装饰性好。

多数凝结材料在硬化过程中一般都会产生收缩，而建筑石膏在硬化时体积却膨胀，膨胀率为 0.5% ~ 1.0%，且不开裂。这种特征可使成型的制品表面光滑，尺寸准确，轮廓清晰，有利于制造复杂图案花形的石膏装饰件。此外，石膏质地细腻，颜色洁白，因此其装饰性良好。

（3）孔隙率大，表观密度小，绝热、吸声性能好。

为了使石膏浆体具有施工要求的可塑性，建筑石膏在加水拌和时往往加入大量的水（占建筑石膏质量的 60% ~ 80%），而建筑石膏的理论需水量为石膏质量的 18.6%，所以一定量的自由水蒸发后，在建筑石膏制品内部形成大量的毛细孔隙（硬化体的孔隙率达 50% ~ 60%）。因此，石膏制品具有表观密度小、保温隔热性能好、吸声性能好等优点，同时也带来强度低、吸水率大等缺点。

（4）具有一定的调温、调湿性。

建筑石膏是一种无毒无味、不污染环境、对人体无害的建筑材料。石膏制品的比热较大，因而具有一定的调节温度的作用；石膏内部的大量毛细孔隙能够吸收潮湿空气中的水分，或在干燥的环境中释放出孔隙内的水分，以调节室内空气湿度。故在室内小环境下，能在一定程度上使室内环境更符合人类生理需要，有利于人体健康。

（5）防火性好，但耐火性差。

由于硬化的石膏结晶水较多，遇水时这些结晶水吸收热量蒸发，形成蒸汽幕，阻止火势蔓延；同时，表面生成的无水物为良好的绝缘体，起到防火作用。但二水石膏脱水后，强度下降，因此耐火性能差。石膏制品不宜长期在 65 ℃ 以上的高温部位使用。

（6）耐水性和抗冻性差。

建筑石膏是气硬性胶凝材料，微溶于水，且制品的孔隙率大。长期处于潮湿条件下的石膏制品，其强度显著降低，制品易变形、翘曲。如吸水后受冻，将因孔隙中水分结冻膨胀而破坏，故其耐水性和抗冻性均较差，软化系数只有 0.2 ~ 0.3，不宜用于室外及潮湿环境中。

四、建筑石膏的用途

（1）室内抹灰及粉刷。

由于建筑石膏的优良特性，常用于室内高级抹灰和粉刷。

建筑石膏加砂、缓凝剂和水拌和成石膏砂浆，用于室内抹灰，其表面光滑、细腻、洁白、美观。石膏砂浆也作为腻子，填平墙面的凹凸不平。建筑石膏加缓凝剂和水拌和成石膏砂浆，可以作为室内粉刷的涂料。

（2）制作各种石膏制品。

建筑石膏制品种类较多，我国目前主要生产各类石膏板、石膏砌块和装饰石膏制品。石膏板主要有纸面石膏板、纤维石膏板及空心石膏板等。装饰石膏制品主要有装饰石膏板、嵌装式装饰石膏板和艺术石膏制品等。

石膏绷带的应用

石膏板具有质轻、保温、隔热、吸声、防火、抗震、调湿、尺寸稳定以及成本低等优良性能，且可锯、可刨、可钉，加工性能好，施工方便、节能，是一种有着广阔发展前途的新型轻质材料之一。

但石膏板具有长期徐变的性质，在潮湿环境中更严重；且建筑石膏自身强度较低，又因其呈微酸性，不能配加强钢筋，故不宜用于承重结构。为进一步改善石膏的耐水性以扩大其应用范围，可掺入水泥、粒化高炉矿渣、石灰、粉煤灰或有机防水剂，也可在石膏板表面采用耐水护面纸或防水高分子材料，采取面层防水保护等技术措施。

五、细度的测定

1. 试样制备

将粉料通过 2 mm 的试验筛，筛上物用木平勺压碎，不易压碎的块团和筛上杂质全部剔除，确定并称量剔除物。

2. 设备准备

（1）试验筛。

试验筛由圆形筛帮和方孔筛网组成，筛帮直径φ200 mm，试验筛其他技术指标应符合《试验筛技术要求和检验》（GB/T 6003—2012）的要求。网孔尺寸分别由 0.8 mm、0.4 mm、0.2 mm 和 0.1 mm 四种规格的筛组成一套试验筛，并在筛顶用筛盖封闭，在筛底用接收盘封闭。

（2）衡器具。

感量 0.1 g 的天平或电子秤。

（3）干燥器。

干燥器应具备保持试样干燥的效能。

3. 试验步骤

（1）按要求在制备好的试样中取出约 210 g，在 40 ℃±4 ℃下干燥至恒重（干燥时间相隔 1 h 的二次称量之差不超过 0.2 g 时，即为恒重），并在干燥器中冷却至室温。

（2）将试样按下述步骤连续测定两次。

在 0.8 mm 试验筛下部安装上接收盘，称取试样 100.0 g 后，倒入其中，盖上筛盖。一只手拿住筛子，略微倾斜地摆动筛子，使其撞击另一只手。撞击的速度为 125 次/min，每撞击一次都应将筛子摆动一下，以便使试样始终均匀地撒开。每摆动 25 次后，把试验筛旋转 90°，并对着筛帮重重拍几下，继续进行筛分。当 1 min 的过筛试样质量不超过 0.4 g 时，则认为筛分完成。称量 0.8 mm 试验筛的筛上物，作为筛余量。细度以筛余量与试样原始质量（100.0 g）之比的百分数形式表示，精确至 0.1%。

按照上述步骤，用 0.4 mm 试验筛筛分已通过 0.8 mm 试验筛的试样，并应不时地对筛帮进行拍打，必要时在背面用毛刷轻刷筛网，以免筛网堵塞。当 1 min 的过筛试样质量不超过 0.2 g 时，则认为筛分完成。称量 0.4 mm 试验筛的筛上物，作为筛余量。细度以筛余量与试样原始质量（100.0 g）之比的百分数形式表示，精确至 0.1%。

将通过 0.4 mm 试验筛的试样拌和均匀后，从中称取 50.0 g 试样，按上述步骤用 0.2 mm 试验筛进行筛分。当 1 min 的过筛试样质量不超过 0.1 g 时，则认为筛分完成。称量 0.2 mm 试验筛的筛上物，作为筛余量，细度以筛余量与试样原始质量（100.0 g）之比的百分数形式表示，精确至 0.1%。

按照上述步骤，用 0.1 mm 试验筛筛分已通过 0.2 mm 试验筛的试样。当 1 min 的过筛试样质量不超过 0.1 g 时，则认为筛分完成。称量 0.1 mm 试验筛的筛上物，作为筛余量。细度以筛余量与试样原始质量（100.0 g）之比的百分数形式表示，精确至 0.1%。

称量通过 0.1 mm 试验筛的筛下物质量，作为筛下量，并用与试样原始质量（100.0 g）之比的百分数形式表示，精确至 0.1%。

4. 结果的表示方法

采用每种试验筛（0.8 mm、0.4 mm、0.2 mm、0.1 mm）两次测定结果的算术平均值作为试样的各细度值。

对每种筛分而言，两次测定值之差不应大于平均值的 5%，并且当筛余量小于 2 g 时，两次测定值之差不应大于 0.1 g。否则，应再次测定。

六、堆积密度的测定

（一）试验仪器

（1）堆积密度测定仪。

堆积密度测定仪是由黄铜或不锈钢制成。其锥形容器支撑于三脚支架上，在其中安装有 2 mm 方孔筛网。

（2）测量容器。

测量容器的容积为 1 L，并装配有延伸套筒。

（3）衡器具。

感量 1 g 的天平或电子秤。

（4）平勺。

（5）直尺。

（二）试验步骤

将试样按下述步骤连续测定两次。

（1）称量不带套筒的测量容器，精确至 1 g，然后装上套筒，放在堆积密度测定仪下方。

（2）把按要求所制得的试样倒入堆积密度测定仪中（每次倒入 100 g），转动平勺，使试样通过方孔筛网，自由掉落于测量容器中，当装配有延伸套筒的测量容器被试样填满时，停止加样。在避免振动的条件下，移去套筒，用直尺刮平表面，以去除多余试样，使试样表面与测量容器上缘齐平。称量测量容器和试样总质量，精确至 1 g。

（三）结果的表示方法

堆积密度按下式计算：

$$r = \frac{m_1 - m_0}{V} = m_1 - m_0$$

式中　　r——堆积密度（g/L）；

　　　　m_1——测量容器和试样的总质量（g）；

　　　　m_0——测量容器的质量（g）；

　　　　V——测量容器的容积，$V = 1$ L。

取两次测定结果的算术平均值作为该试样的堆积密度。两次测定结果之差应小于平均值的 5%，否则，应再次测定。

📖 **拓展知识**

石膏的介绍　　　　　石膏的药用价值　　　　会呼吸的石膏

▶项目 2

水泥的性质与检测

🏆 项目目标

知识目标：

1. 掌握通用硅酸盐水泥的主要技术性质；
2. 掌握通用硅酸盐水泥的取样、储存保管要求。

能力目标：

1. 能按照规范测定水泥的密度和细度；
2. 能按照规范测定水泥标准稠度用水量、凝结时间、体积安定性；
3. 能按照规范检测水泥的强度；
4. 能根据试验结果评定水泥的质量。

素质目标：

1. 培养沟通协调、团队合作的能力；
2. 培养吃苦耐劳、精细规范的品格；
3. 培养精益求精、严谨细致的职业精神。

🔧 项目任务

本项目选取的工程为西安某住宅小区项目，位于西安市未央区。项目共有六栋 15 层住宅、三栋 6 层住宅及若干商业用房，地下室一层；结构类型为框-剪结构，基础类型有独立基础和桩基础两种形式，结构设计使用年限 50 年；黄土地区建筑物分类、湿陷等级为 Ⅰ 级轻微湿陷性，结构安全等级为二级，抗震设防烈度为 8 度，结构环境类别为一类和二 b 类；工程使用的主要结构材料有混凝土、钢筋、水泥砂浆、实心砖、加气混凝土砌块等。

现该工程 3 号楼需要进行构造柱混凝土施工，混凝土强度等级为 C30，坍落度 180 ±20 mm。请根据相关标准和规范进行混凝土原材料水泥性质检测，填写检测记录表，检测其密度、凝结时间、体积安定性、强度等是否满足工程需求，为制备符合工程需求的混凝土提供设计依据。

任务 2.1　水泥密度的测定

2.1.1　任务描述

任务单

任务 1	水泥密度的测定	学时	4
学习目标	1. 熟悉通用硅酸盐水泥的定义、分类和生产工艺； 2. 掌握通用硅酸盐水泥密度的测定方法； 3. 能够根据规范检测水泥的密度，并进行结果分析； 4. 会制订小组任务实施计划，组织实施后形成评价反馈； 5. 能够科学严谨地分析问题、解决问题		
任务描述	根据项目施工进度，现需要进行 3 号楼混凝土构造柱施工，请按照相关规范进行水泥密度测定。具体任务要求如下： 1. 按照规范完成水泥取样； 2. 按照规范完成水泥密度检测； 3. 填写检测记录表； 4. 评定水泥密度		
资讯问题	1. 什么是通用硅酸盐水泥？		
	2. 硅酸盐水泥密度测定能否用水？		
	3. 硅酸盐水泥的密度是多少？		
	4. 硅酸盐水泥的堆积密度是多少？		
	5. 硅酸盐水泥密度对工程施工有什么影响？		
资讯引导	查阅书籍和相关规范、标准，利用国家、省级、校内课程资源学习。 相关规范：《水泥取样方法》(GB/T 12573—2008)；《水泥密度测定方法》(GB/T 208—2014)		
思政资源	探访世界最大的水泥熟料生产基地		

2.1.2　任务实施

实施单

任务 1	水泥密度的测定		学时	4
班级			组号	
实施方式	按最佳计划，各小组成员共同完成实施工作			

试验环境	温度		湿度		是否满足试验要求	是
						否

试验方法	
试验设备	
试验步骤	

试验记录						
序号	试样原质量 m_1/g	试样余量 m_2/g	装入试样的质量 m/g	装入试样的体积 V/cm^3	密度 ρ / (g/cm^3)	密度平均值 $\bar{\rho}$ / (g/cm^3)

试验结果与分析	

组长签字		教师签字		日期：　年　月　日

2.1.3 评价反馈

教学反馈单

任务 1	水泥密度的测定			学时	4
班级		学号		姓名	
调查方式	对学生知识掌握、能力培养的程度，学习与工作的方法及环境进行调查				
序号	调查内容			是	否
1	你清楚水泥密度含义了吗？				
2	你能列出水泥密度的检测方法吗？				
3	你能列出水泥密度检测的设备清单吗？				
4	你学会了水泥密度检测方法吗？				
5	你学会了水泥试样取样方法吗？				
6	你对本任务的教学方式满意吗？				
7	你对本小组的学习和工作满意吗？				
8	你对教学环境适应吗？				
9	你有规范计算取值的意识吗？				
其他改进教学的建议：					
本调查人签名		调查时间		年　月　日	

2.1.4 任务拓展

能力提升单

任务 1	水泥密度的测定		学时	4
班级		学号	姓名	
巩固强化练习	 线上答题练习			
拓展任务	工程案例： 　　本工程位于陕西省西安市丰信路与公园大街交汇处东南角，建筑总高度 16 层，51.33 m；主楼结构形式为剪力墙结构，设计使用年限 70 年，建筑结构安全等级为二级，混凝土结构环境类别为一、二 a、二 b；基础垫层混凝土强度等级不应低于 C15，基础混凝土抗渗等级为 P6，二层结构混凝土柱施工，要求设计强度 C30，坍落度 180±20 mm。 　　任务发布： 　　请各小组同学根据给定资料，在充分调研原材料情况的前提下，选取适当的检测方法，完成该工程二层结构混凝土柱的混凝土原材料水泥密度的检测，并将结果提交			
工作过程				
组长签字		老师签字	日期：　年　月　日	

2.1.5 相关知识

一、材料的体积

建筑材料中除少数材料（钢材、玻璃等）接近绝对密实外，绝大多数材料内部都包含有一些孔隙。在自然状态下，材料的体积是由固体物质的体积（即绝对密实状态下材料的体积）V 和孔隙体积 V_p 两部分组成的。而材料内部的孔隙又根据是否与外界相连通被分为开口孔隙（浸渍时能被液体填充，其体积用 V_k 表示）和闭口孔隙（与外界不相连，其体积用 V_b 表示）。固体材料的体积构成见图 2-1 和图 2-2。

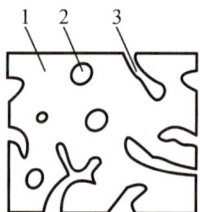

1—实体；2—闭口孔隙；3—开口孔隙。

图 2-1　固体材料自然状态示意图

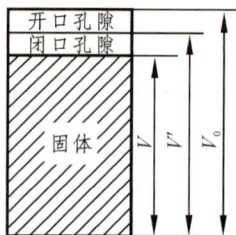

V—实体体积；V'—实体体积＋闭口孔隙体积；
V_0—实体体积＋闭口孔隙体积＋开口孔隙体积。

图 2-2　固体材料自然状态体积示意图

【模范榜样】复旦大学教授赵东元：材料世界里的"造孔人"

二、密度的定义

密度是指材料在绝对密实状况下单位体积的质量，按下式计算。

$$\rho = \frac{m}{V}$$

式中　ρ——密度（g/cm^3）；

m——材料的质量（g）；

V——材料在绝对密实状态下的体积，简称绝对体积或实体积（cm^3）。

材料的密度大小取决于组成物质的原子量大小和分子结构，原子量越大，分子结构越紧密，材料的密度则越大。

三、水泥的定义与分类

（一）水泥的定义

水硬性胶凝材料的代表物质是水泥。水泥是一种粉末状物质，它与水拌和后，得到具有可塑性和流动性的浆体，在空气中或水中经过一系列物理化学反应后能变成坚硬的石状体，并能将散粒材料或板、块状材料胶结成为整体的材料。

水泥是建筑工程中最基本的建筑材料，不仅大量应用于工业与民用建筑，还广泛应用于公路、铁路、水利、海港及国防等工程建设中。

【思政故事】唐山启新水泥工业博物馆

（二）水泥的分类

水泥品种很多，按其主要水硬性物质不同可分为硅酸盐水泥、铝酸盐水泥、硫铝酸盐水泥、铁铝酸盐水泥和氟铝酸盐水泥等。

按其性能和用途可以分为：通用水泥、专用水泥及特性水泥三大类。其中通用水泥就是指在大多数工程中都可以使用的水泥，如建楼房、桥梁、隧道等，主要包括硅酸盐水泥、普通硅酸盐水泥、矿渣硅酸盐水泥、粉煤灰硅酸盐水泥、火山灰质硅酸盐水泥、复合硅酸盐水泥。这里面硅酸盐水泥是基础，其他品种水泥是在它的基础上添加一定量的混合材料得到的。专用水泥，指专门用于某一项或某一类工程的水泥，如砌筑水泥、油井水泥、道路水泥、大坝水泥等。特性水泥，指改变水泥某一项矿物成分，使水泥具有某一种特殊的功能，如白色硅酸盐水泥、快凝快硬硅酸盐水泥等。水泥的分类如图2-3所示。

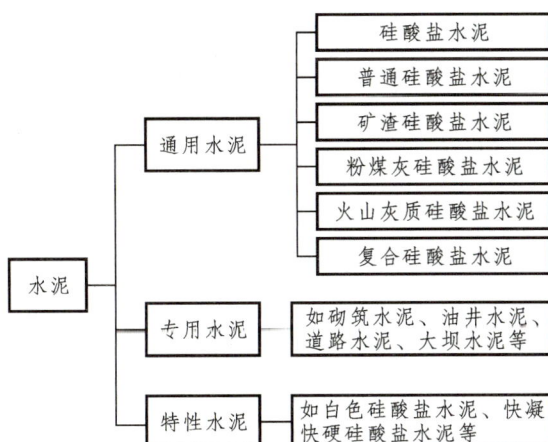

图 2-3　水泥的分类

四、通用硅酸盐水泥

通用硅酸盐水泥是指以硅酸盐水泥熟料和适量石膏，以及规定的混合材料制成的水硬性胶凝材料。通用硅酸盐水泥按混合材料的品种和掺量分为硅酸盐水泥、普通硅酸盐水泥、矿渣硅酸盐水泥、火山灰质硅酸盐水泥、粉煤灰硅酸盐水泥和复合硅酸盐水泥。

通用硅酸盐水泥的组分应符合表 2-1 中的规定。

表 2-1 通用硅酸盐水泥的组分

品种	代号	组分（质量分数）/%				
		熟料＋石膏	粒化高炉矿渣	火山灰质混合材料	粉煤灰	石灰石
硅酸盐水泥	P·Ⅰ	100	—	—	—	—
	P·Ⅱ	≥95	≤5	—	—	—
		≥95	—	—	—	≤5
普通硅酸盐水泥	P·O	≥80且<95	>5且≤20			
矿渣硅酸盐水泥	P·S·A	≥50且<80	>20且≤50	—	—	—
	P·S·B	≥30且<50	>50且≤70	—	—	—
火山灰质硅酸盐水泥	P·P	≥60且<80	—	>20且≤40	—	—
粉煤灰硅酸盐水泥	P·F	≥60且<80	—	—	>20且≤40	—
复合硅酸盐水泥	P·C	≥50且<80	>20且≤50			

五、硅酸盐水泥

（一）硅酸盐水泥的定义

我国现行国家标准《通用硅酸盐水泥》（GB 175—2007）规定：凡是由硅酸盐水泥熟料、0～5%的石灰石或粒化高炉矿渣、适量的石膏磨细制成的水硬性胶凝材料，称为硅酸盐水泥。

（二）硅酸盐水泥的生产工艺简介

生产硅酸盐水泥的关键是有高质量的硅酸盐水泥熟料。目前国内外多以石灰石、黏土为主要原料（有时需加入校正原料），将其按一定比例混合磨细，首先制得具有适当化学成分的生料，然后将生料在水泥窑（回转窑）中经过 1 400～1 450 ℃ 的高温煅烧至部分熔融，冷却后即得到硅酸盐水泥熟料，最后将适量的石膏和 0～5%的石灰石或粒化高炉矿渣混合磨细制成硅酸盐水泥。因此硅酸盐水泥生产工艺概括起来简称为"两磨一烧"。

六、水泥密度检测

在测定有孔隙的材料密度时，应把材料磨成细粉以排除其内部孔隙，经干燥后用李氏密度瓶测定其绝对体积。对于某些较为致密但形状不规则的散粒材料，在测定其密度时，可以不必磨成细粉，而直接用排水法测其绝对体积的近似值（颗粒内部的封闭孔隙体积没有排除），这时所求得的密度为视密度。混凝土所用砂、石等散粒材料常按此法测定其密度。

（一）主要检测设备

1. 李氏瓶

李氏瓶由优质玻璃制成，透明无条纹，具有抗化学侵蚀性且热滞后性小，有足够的厚度以确保良好的耐裂性。李氏瓶横截面形状为圆形,瓶颈刻度由 0～1 mL 和 18～24 mL 两段刻度组成,且 0～1 mL 和 18～24 mL 以 0.1 mL 为分度值,任何标明的容量误差都不大于 0.05 mL,李氏瓶如图 2-4 所示。

2. 无水煤油

无水煤油应符合《煤油》(GB 253—2008)的要求,如图 2-5 所示。

图 2-4 李氏瓶

图 2-5 无水煤油

3. 恒温水槽

恒温水槽应有足够大的容积,使水温可以稳定控制在 20 ℃ ± 1 ℃,如图 2-6 所示。

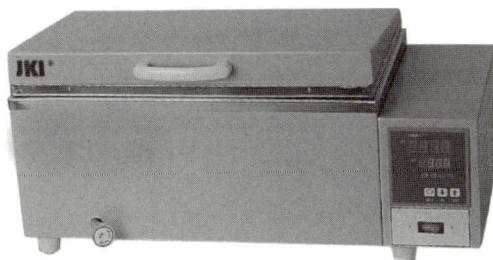

图 2-6 恒温水槽

4. 电子天平

电子天平如图 2-7 所示,其量程不小于 100 g,分度值不大于 0.01 g。

5. 温度计

温度计如图 2-8 所示,其量程为 0～50 ℃,分度值不大于 0.1 ℃。

图 2-7 电子天平

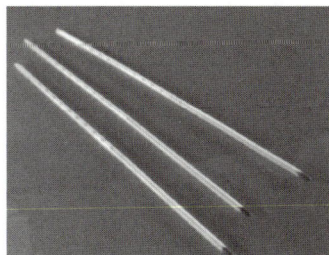

图 2-8 温度计

（二）试验准备

水泥应满足国家标准要求，煤油应符合《煤油》（GB 253—2008）的要求。检查仪器设备是否正常，准备场地和试验检测工具。

（三）检测步骤

（1）水泥试样应预先通过 0.9 mm 方孔筛，在 110 ℃±5 ℃ 温度下烘干并在干燥器内冷却至室温（室温应控制在 20 ℃±1 ℃）。

（2）称取水泥 60 g，精确至 0.01 g。

（3）将煤油注入李氏瓶中至"0 mL"到"1 mL"之间刻度线后（选用磁力搅拌，此时应加入磁力棒），盖上瓶塞放入恒温水槽内，使刻度部分浸入水中（水温应控制在 20 ℃±1 ℃）。恒温至少 30 min，记下无水煤油的初始（第一次）读数（V_1）。

（4）从恒温水槽中取出李氏瓶，用滤纸将李氏瓶细长颈内没有煤油的部分仔细擦干净。

（5）用小匙将水泥样品一点点装入李氏瓶中，反复摇动，直到没有气泡排出，再次将李氏瓶静置于恒温水槽，使刻度部分浸入水中，恒温至少 30 min，记下第二次读数 V_2。

注意：第一次读数和第二次读数时，恒温水槽的温度差不大于 0.2 ℃。

（四）结果评定

水泥密度 ρ 按下式计算，结果精确至 0.01 g/cm³，试验结果取两次测定结果的算术平均值，两次测定结果之差不大于 0.02 g/cm³。

$$\rho = \frac{m}{V_2 - V_1}$$

式中　　ρ——水泥密度，单位为克每立方厘米（g/cm³）；

m——水泥质量，单位为克（g）；

V_2——李氏瓶第二次读数（mL）；

V_1——李氏瓶第一次读数（mL）。

📖💡 **拓展知识**

从石灰到水泥

低碳水泥：为低碳生活添砖加瓦

任务 2.2　水泥细度检测（筛析法）

2.2.1　任务描述

任务单

任务 2	水泥细度检测（筛析法）	学时	4
学习目标	1. 掌握水泥细度的含义和工程意义； 2. 掌握水泥细度的检测方法（筛析法）； 2. 能够独立进行水泥细度检测，并评定水泥的粗细程度； 3. 会制订小组任务实施计划，组织实施后形成评价反馈； 4. 能够科学严谨地分析问题、解决问题		
任务描述	根据项目施工进度，现需要进行 3 号楼混凝土构造柱施工，请按照相关规范进行水泥细度检测。具体任务要求如下： 1. 按照规范完成水泥取样； 2. 按照规范完成水泥细度检测； 3. 填写检测记录表； 4. 评定水泥细度		
资讯问题	1. 硅酸盐水泥细度的含义是什么？		
	2. 硅酸盐水泥细度对水泥性质有何影响？		
	3. 硅酸盐水泥是不是越细越好？		
	4. 硅酸盐水泥细度如何检测？		
	5. 国家标准中，通用硅酸盐水泥细度是如何规定的？		
资讯引导	查阅书籍和相关规范、标准，利用国家、省级、校内课程资源学习。 　相关规范：《水泥取样方法》（GB/T 12573—2008）；《水泥细度检验方法（筛析法）》（GB/T 1345—2005）		
思政资源	 河南：5 000 多年前的"水泥"有多硬		

2.2.2　任务实施

实施单

任务 2	水泥细度检测（筛析法）		学时	4	
班级			组号		
实施方式	按最佳计划，各小组成员共同完成实施工作				
试验环境	温度		湿度		是否满足试验要求	是
						否
试验方法						
试验设备						
试验步骤						
试验记录						
序号	试样质量/g	筛余物质量/g		筛余百分数（F）/%		
试验结果与分析						
组长签字		教师签字		日期：　　年　月　日		

2.2.3 评价反馈

教学反馈单

任务2	水泥细度检测（筛析法）		学时	4
班级		学号	姓名	
调查方式	对学生知识掌握、能力培养的程度，学习与工作的方法及环境进行调查			

序号	调查内容	是	否
1	你清楚水泥细度的含义了吗？		
2	你能列出水泥细度的检测方法吗？		
3	你能列出水泥细度检测的设备清单吗？		
4	你学会了水泥细度检测方法吗？		
5	你学会了水泥试样取样方法吗？		
6	你对本任务的教学方式满意吗？		
7	你对本小组的学习和工作满意吗？		
8	你对教学环境适应吗？		
9	你有规范计算取值的意识吗？		

其他改进教学的建议：

本调查人签名		调查时间	年 月 日

2.2.4 任务拓展

能力提升单

任务 2	水泥细度检测（筛析法）		学时	4
班级		学号	姓名	
巩固强化练习	 线上答题练习			
拓展任务	工程案例： 　　本工程位于陕西省西安市丰信路与公园大街交汇处东南角，建筑总高度 16 层，51.33 m；主楼结构形式为剪力墙结构，设计使用年限 70 年，建筑结构安全等级为二级，混凝土结构环境类别为一、二 a、二 b；基础垫层混凝土强度等级不应低于 C15，基础混凝土抗渗等级为 P6，二层结构混凝土柱施工，要求设计强度 C30，坍落度 180±20 mm。 任务发布： 　　请各小组同学根据给定资料，在充分调研原材料情况的前提下，选取适当的检测方法，完成该工程二层结构混凝土柱的混凝土原材料水泥细度的检测，并将结果提交			
工作过程				
组长签字		老师签字	日期：　年　月　日	

2.2.5 相关知识

一、水泥细度的基本概念

细度是指水泥颗粒的粗细程度，它是影响水泥性质的重要指标，如图 2-9 所示。

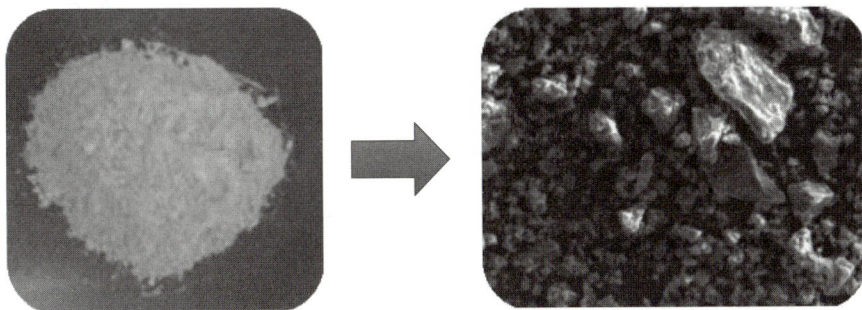

图 2-9　水泥颗粒微观图示

细度对水泥性质影响很大，不仅影响水泥的水化速度、强度，而且影响水泥的生产成本。一般情况下，水泥颗粒越细，总表面积越大，与水接触的面积越大，则水化速度越快，凝结硬化越快，水化产物越多，早期强度也越高，在水泥生产过程中消耗的能量越多，机械损耗也越大，生产成本增加，且水泥在空气中硬化时收缩也增大，易产生裂缝，所以细度应适宜。

在国家标准中，规定水泥的细度可用筛分析法和比表面积法检验。国家标准《通用硅酸盐水泥》（GB 175—2007）规定，硅酸盐水泥和普通硅酸盐水泥的细度可用比表面积表示，要求其比表面积不小于 300 m²/kg。

矿渣硅酸盐水泥、火山灰质硅酸盐水泥、粉煤灰硅酸盐水泥和复合硅酸盐水泥品种细度要求满足《通用硅酸盐水泥》（GB 175—2007）规定：80 μm 方孔筛筛余不大于10%或 45 μm 方孔筛筛余不大于 30%。

二、主要检测设备

（1）试验筛。试验筛由圆形筛框和筛网组成，负压筛应附有透明筛盖，筛盖与筛上口应有良好的密封性。筛网应紧绷在筛框上，筛网和筛框接触处，应用防水胶密封，防止水泥潜入，如图 2-10 所示。

（2）负压筛析仪。负压筛析仪由筛座、负压筛、负压电源及收尘器组成，筛析仪负压可调范围为 4 000 ~ 6 000 Pa，喷气嘴上口平面与筛网之间的距离为 2 ~ 8 mm，如图2-11 所示。

（3）电子天平。最小分度值不大于 0.01 g，如图 2-12 所示。

检测前所用试验筛应保持清洁，负压筛应保持干燥。

图 2-10　试验筛　　　　图 2-11　负压筛析仪　　　　图 2-12　电子天平

三、试验准备

水泥试样应有代表性，样品取样方法按《水泥取样方法》（GB/T 12573—2008）进行。水泥试样应充分拌匀，并通过 0.9 mm 方孔筛，记录筛余百分率及筛余物情况，要防止过筛时混进其他水泥。

四、检测步骤

（1）筛析试验前应把负压筛放在筛座上，盖上筛盖，接通电源，检查控制系统，调节负压至 4 000 ~ 6 000 Pa 范围内。

（2）称取试样 25 g，精确至 0.01 g，置于洁净的负压筛中，放在筛座上，盖上筛盖，接通电源，开动筛析仪连续筛析 2 min，在此期间如有试样附着在筛盖上，可轻轻敲击使试样落下。筛毕，用天平称量全部筛余物。检测过程如图 2-13 ~ 图 2-17 所示。

图 2-13　水泥试样过筛

图 2-14　称取水泥试样

图 2-15　放置试样

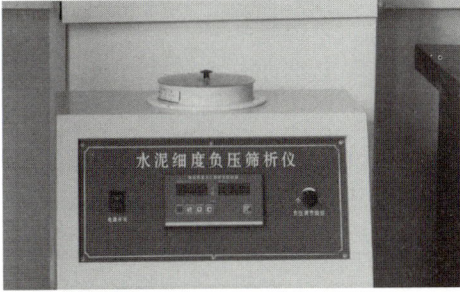

图 2-16　筛析过程

图 2-17　称取筛余物

五、结果评定

水泥试样筛余百分数按下式计算，结果计算精确至 0.1%。

$$F = \frac{R_t}{W} \times 100\%$$

式中　F——水泥试样筛余百分数；
　　　R_t——水泥筛余物的质量（g）；
　　　W——水泥试样的质量（g）。

合格评定时，每个样品应称取两个试样分别筛析，取筛余平均值作为筛析结果。若两次筛余结果的绝对误差大于 0.5%时（筛余值大于 5.0%时可放宽至 1.0%）应再做一次试验，取两次相近结果的算术平均值，作为最终结果。

【思政故事】二十年技术积累　用水泥混凝土铺就世界顶级机场跑道

📖💡 拓展知识

为什么水泥必须具有一定的细度

任务 2.3 水泥比表面积测定（勃氏法）

2.3.1 任务描述

任务单

任务 3	水泥比表面积测定（勃氏法）	学时	4
学习目标	1. 掌握水泥细度的含义和工程意义； 2. 掌握水泥比表面积测定（勃氏法）检测方法； 3. 能够独立进行水泥比表面积测定，并评定水泥细度； 4. 会制订小组任务实施计划，组织实施后形成评价反馈； 5. 能够科学严谨地分析问题、解决问题		
任务描述	根据项目施工进度，现需要进行 3 号楼混凝土构造柱施工，请按照相关规范进行水泥比表面积测定。具体任务要求如下： 1. 按照规范完成水泥取样； 2. 按照规范完成水泥细度检测； 3. 填写检测记录表； 4. 评定水泥细度		
资讯问题	1. 什么是水泥的比表面积？ 2. 水泥比表面积测定方法的原理是什么？ 3. 国家标准中水泥比表面积是如何规定的？ 4. 什么是空隙率？ 5. 水泥细度对工程施工有什么影响？		
资讯引导	查阅书籍和相关规范、标准，利用国家、省级、校内课程资源学习。 相关规范：《水泥取样方法》（GB/T 12573—2008）；《水泥比表面积测定方法 勃氏法》（GB/T 8074—2008）		
思政资源	乌东德水电站荣获 2022 年度"菲迪克工程项目奖"		

2.3.2　任务实施

实施单

任务 3	水泥比表面积测定（勃氏法）	学时	4
班级		组号	
实施方式	按最佳计划，各小组成员共同完成实施工作		

试验环境	温度		湿度		是否满足试验要求	是
						否

试验方法	
试验设备	
试验步骤	

试验记录

一、水泥密度（李氏瓶法）试验

试验次数	水泥质量 M/g	李氏瓶液面读数			水泥所排开无水煤油的体积 V/cm³	密度 ρ/（g/cm³）	密度平均值 $\bar{\rho}$/（g/cm³）
		恒温水槽温度/ ℃	初始无水煤油体积的读数 V_1/cm³	装入水泥后无水煤油体积的读数 V_2/cm³			

二、试料层体积的测定				
测定时温度/°C		水银密度/（g/cm³）		
未装水泥时充满圆筒的水银质量 P_1/g	平均值/g	装入约 3.3 g 水泥后充满圆筒的水银质量 P_2/g	圆筒内试料层体积 V/cm³	平均值 $\bar{V}$/cm³

三、试样质量的确定				
试样名称	试样密度/（g/cm³）	试料层体积 V/cm³	试料层孔隙率	试样质量 W/g
水泥				
标准试样				

四、比表面积的测定					
标准试样的比表面积 S_s			备注		
标准试样试验时		被测试样试验时		被测试样的比表面积 S/（m²/kg）	平均值 $\bar{S}$/（m²/kg）
液面降落测得的时间 T_s/s	温度/°C	液面降落测得的时间 T/s	温度/°C		
试验结果与分析					
组长签字		教师签字		日期： 年 月 日	

2.3.3 评价反馈

教学反馈单

任务 3	水泥比表面积测定（勃氏法）		学时		4
班级		学号		姓名	
调查方式	对学生知识掌握、能力培养的程度，学习与工作的方法及环境进行调查				
序号	调查内容			是	否
1	你清楚水泥细度的含义了吗？				
2	你能列出水泥细度（勃氏法）的检测方法吗？				
3	你能列出水泥细度（勃氏法）检测的设备清单吗？				
4	你学会了水泥细度（勃氏法）的检测方法吗？				
5	你学会了水泥试样的取样方法吗？				
6	你对本任务的教学方式满意吗？				
7	你对本小组的学习和工作满意吗？				
8	你对教学环境适应吗？				
9	你有规范计算取值的意识吗？				
其他改进教学的建议：					
本调查人签名			调查时间	年　月　日	

2.3.4 任务拓展

能力提升单

任务 3	水泥比表面积测定（勃氏法）		学时	4
班级		学号	姓名	
巩固强化练习	 线上答题练习			
拓展任务	**工程案例：** 　　本工程位于陕西省西安市丰信路与公园大街交汇处东南角，建筑总高度 16 层，51.33 m；主楼结构形式为剪力墙结构，设计使用年限 70 年，建筑结构安全等级为二级，混凝土结构环境类别为一、二 a、二 b；基础垫层混凝土强度等级不应低于 C15，基础混凝土抗渗等级为 P6，二层结构混凝土柱施工，要求设计强度 C30，坍落度 180±20 mm。 　　**任务发布：** 　　请各小组同学根据给定资料，在充分调研原材料情况的前提下，选取适当的检测方法，完成该工程二层结构混凝土柱的混凝土原材料水泥比表面积测定，并将结果提交			
工作过程				
组长签字		老师签字	日期：　年　月　日	

2.3.5　相关知识

一、水泥比表面积测定的基本概念

1. 细　度

细度是指水泥颗粒的粗细程度，它是影响水泥性质的重要指标。

在国家标准中，规定水泥的细度可用筛分析法和比表面积法检验。国家标准《通用硅酸盐水泥》（GB 175—2007）规定，硅酸盐水泥和普通硅酸盐水泥的细度可用比表面积表示，要求其比表面积不小于 300 m^2/kg。

2. 试验术语与原理

水泥比表面积是指单位质量的水泥粉末所具有的总表面积，以平方厘米每克或平方米每千克来表示。

本方法主要是根据一定量的空气通过具有一定空隙率和固定厚度的水泥层时，所受阻力不同而引起流速的变化来测定水泥的比表面积。在一定的空隙率的水泥层中，空隙的大小和数量是颗粒尺寸的函数，同时也决定了通过料层的气流速度。

二、主要检测设备

（1）透气仪。

本方法采用的勃氏比表面积透气仪，分手动和自动两种，如图 2-18 所示。

（2）烘干箱。

控制温度灵敏度 ±1 ℃，如图 2-19 所示。

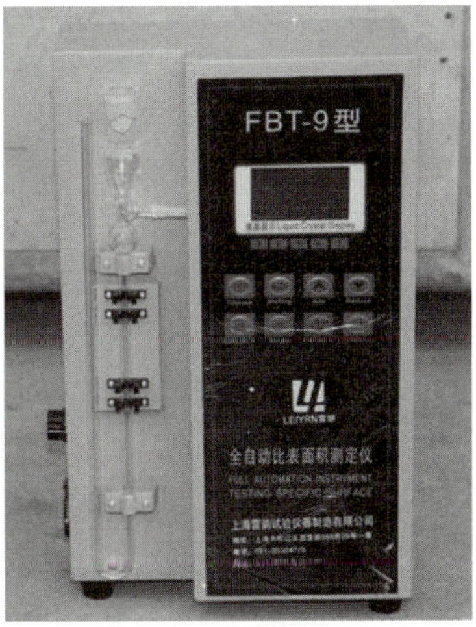

图 2-18　透气仪

图 2-19　烘干箱

（3）分析天平，最小分度值 0.001 g，如图 2-20 所示。

（4）秒表，精确至 0.5 s，如图 2-21 所示。

（5）压力计液体，采用带有颜色的蒸馏水或直接采用无色蒸馏水。

（6）滤纸，如图 2-22 所示。

（7）分析纯汞。

（8）实验室条件：相对湿度不大于 50%。

图 2-20　分析天平　　　　图 2-21　秒表　　　　图 2-22　滤纸

三、试验准备

水泥试样应有代表性，样品取样方法按《水泥取样方法》（GB/T 12573—2008）进行。水泥试样应充分拌匀，并通过 0.9 mm 方孔筛，记录筛余百分率及筛余物情况，要防止过筛时混进其他水泥。

四、检测步骤

（1）测定水泥密度。

（2）漏气检查。

将透气圆筒上口用橡皮塞塞紧，接到压力计上。用抽气装置从压力计一臂中抽出部分气体，然后关闭阀门，观察是否漏气。如发现漏气，可用活塞油脂加以密封。

（3）空隙率的确定。

硅酸盐水泥的空隙率采用 0.500 ± 0.005，其他水泥或粉料的空隙率选用 0.530 ± 0.005。

（4）确定试样量。

试样量按公式计算：

$$m = \rho V(1-\varepsilon)$$

式中　m——需要的试样量，单位为克（g）；

　　　ρ——试样密度，单位为克每立方厘米（g/cm³）；

　　　V——试料层体积，按《勃氏透气仪》（JC/T 956—2014）测定，单位为立方厘米（cm³）；

　　　ε——试料层空隙率。

（5）试料层制备。

① 将穿孔板放入透气圆筒的突缘上，用捣棒把一片滤纸放到穿孔板上，边缘放平并压紧。称取按第 4 条确定的试样量，精确到 0.001 g，倒入圆筒。轻敲圆筒的边，使水泥层表面平坦。再放入一片滤纸，用捣器均匀捣实试料直至捣器的支持环与圆筒顶边接触，并旋转 1~2 圈，慢慢取出捣器。

② 穿孔板上的滤纸为 ϕ12.7 mm 边缘光滑的圆形滤纸片。每次测定需用新的滤纸片。

（6）透气试验。

① 把装有试料层的透气圆筒下锥面涂一薄层活塞油脂，然后把它插入压力计顶端锥形磨口处，旋转 1~2 圈。要保证紧密连接不致漏气，并不振动所制备的试料层。如图 2-23 所示为比表面积 U 形压力计示意图。

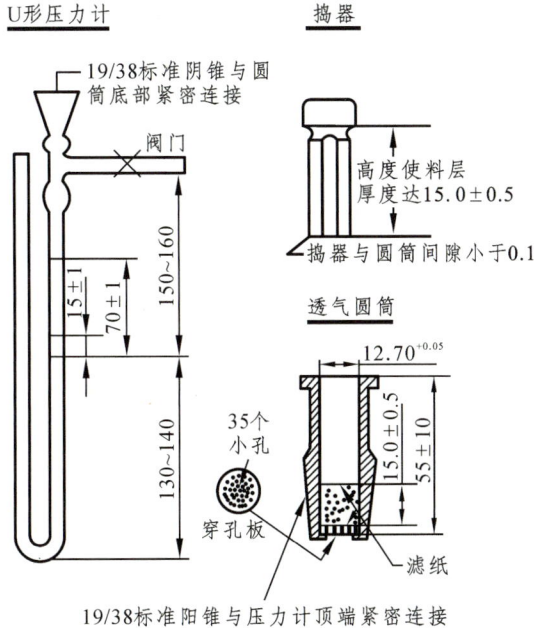

图 2-23　比表面积 U 形压力计示意图（单位：mm）

② 打开微型电磁泵慢慢从压力计一臂中抽出空气，直到压力计内液面上升到扩大部下端时关闭阀门。当压力计内液体的凹月面下降到第一条刻线时开始计时，当液体的凹月面下降到第二条刻线时停止计时，记录液面从第一条刻度线到第二条刻度线所需的时间。以秒记录，并记录下试验时的温度。每次透气试验，应重新制备试料层。

五、结果评定

（1）当被测试样的密度、试料层中空隙率与标准样品相同，试验时的温度与校准温度之差≤3 ℃时，按下式计算：

$$S = \frac{S_s\sqrt{T}}{\sqrt{T_s}}$$

如试验时的温度与校准温度之差>3 ℃时，则按下式计算：

$$S = \frac{S_s\sqrt{\eta_s}\sqrt{T}}{\sqrt{\eta}\sqrt{T_s}}$$

式中　S——被测试样的比表面积，单位为平方厘米每克（cm^2/g）；

　　　S_s——标准样品的比表面积，单位为平方厘米每克（cm^2/g）；

　　　T——被测试样试验时，压力计中液面降落测得的时间，单位为秒（s）；

T_s ——标准样品试验时，压力计中液面降落测得的时间，单位为秒（s）；

η ——被测试样试验温度下的空气黏度，单位为微帕·秒（μPa·s）；

η_s ——标准样品试验温度下的空气黏度，单位为微帕·秒（μPa·s）。

（2）当被测试样的试料层中空隙率与标准样品试料层中空隙率不同，试验时的温度与校准温度之差≤3 ℃时，可按下式计算：

$$S=\frac{S_s\sqrt{T}(1-\varepsilon_s)\sqrt{\varepsilon^3}}{\sqrt{T_s}(1-\varepsilon)\sqrt{\varepsilon_s^3}}$$

如试验时的温度与校准温度之差>3 ℃时，则按下式计算：

$$S=\frac{S_s\sqrt{\eta_s}\sqrt{T}(1-\varepsilon_s)\sqrt{\varepsilon^3}}{\sqrt{\eta}\sqrt{T_s}(1-\varepsilon)\sqrt{\varepsilon_s^3}}$$

式中　ε ——被测试样试料层中的空隙率；

ε_s ——标准样品试料层中的空隙率。

（3）当被测试样的密度和空隙率均与标准样品不同，试验时的温度与校准温度之差≤3 ℃时，按下式计算：

$$S=\frac{S_s\rho_s\sqrt{T}(1-\varepsilon_s)\sqrt{\varepsilon^3}}{\rho\sqrt{T_s}(1-\varepsilon)\sqrt{\varepsilon_s^3}}$$

如试验时的温度与校准温度之差>3 ℃时，则按下式计算：

$$S=\frac{S_s\rho_s\sqrt{\eta_s}\sqrt{T}(1-\varepsilon_s)\sqrt{\varepsilon^3}}{\rho\sqrt{\eta}\sqrt{T_s}(1-\varepsilon)\sqrt{\varepsilon_s^3}}$$

式中　ρ ——被测试样的密度（g/cm^3）；

ρ_s ——标准样品的密度（g/cm^3）。

（4）结果处理。

① 水泥比表面积应由两次透气试验结果的平均值确定。如两次试验结果相差2%以上时，应重新试验。计算结果保留至10 cm^2/g。

② 当同一水泥用手动勃氏透气仪测定的结果与自动勃氏透气仪测定的结果有争议时，以手动勃氏透气仪测定结果为准。

拓展知识

影响水泥比表面积检测试验结果的因素

任务 2.4   水泥标准稠度用水量检测

2.4.1   任务描述

任务单

任务 4	水泥标准稠度用水量检测	学时	4
学习目标	1. 掌握水泥标准稠度用水量的含义和工程意义； 2. 掌握水泥标准稠度用水量检测方法； 3. 能够独立进行水泥标准稠度用水量检测； 4. 会制订小组任务实施计划，组织实施后形成评价反馈； 5. 能够科学严谨地分析问题、解决问题		
任务描述	根据项目施工进度，现需要进行 3 号楼混凝土构造柱施工，请按照相关规范进行水泥标准稠度用水量检测。具体任务要求如下： 1. 按照规范完成水泥取样； 2. 按照规范完成水泥标准稠度用水量检测； 3. 填写检测记录表； 4. 评定水泥标准稠度用水量		
资讯问题	1. 什么是水泥标准稠度用水量？		
	2. 检测水泥标准稠度用水量的意义是什么？		
	3. 硅酸盐水泥标准稠度用水量一般是多少？		
	4. 硅酸盐水泥标准稠度用水量用什么方法检测？		
	5. 硅酸盐水泥标准稠度用水量受哪些因素影响？		
资讯引导	查阅书籍和相关规范、标准，利用国家、省级、校内课程资源学习。 　相关规范：《水泥取样方法》（GB/T 12573—2008）；《水泥标准稠度用水量、凝结时间、安定性检验方法》（GB/T 1346—2011）		
思政资源	 <div align="center">梅明佳："固井工匠"创新不止</div>		

2.4.2　任务实施

实施单

任务 4	水泥标准稠度用水量检测		学时	4
班级			组号	
实施方式	按最佳计划，各小组成员共同完成实施工作			
试验环境	温度	湿度	是否满足试验要求	是
				否
试验方法				
试验设备				
试验步骤				

试验记录

0.9 mm 筛上质量/g		0.9 mm 筛余百分率/%	

水泥试样质量/g	拌和用水量/g	试杆距底板距离/mm	下沉深度/mm	标准稠度用水量/%

试验结果与分析	

组长签字		教师签字		日期：　　年　　月　　日

2.4.3 评价反馈

教学反馈单

任务4	水泥标准稠度用水量检测		学时	4
班级		学号	姓名	
调查方式	对学生知识掌握、能力培养的程度，学习与工作的方法及环境进行调查			

序号	调查内容	是	否
1	你清楚水泥标准稠度用水量含义了吗？		
2	你能列出水泥标准稠度用水量检测方法吗？		
3	你能列出水泥标准稠度用水量检测的设备清单吗？		
4	你学会了水泥标准稠度用水量检测方法吗？		
5	你学会了水泥试样取样方法吗？		
6	你对本任务的教学方式满意吗？		
7	你对本小组的学习和工作满意吗？		
8	你对教学环境适应吗？		
9	你有规范计算取值的意识吗？		

其他改进教学的建议：

本调查人签名		调查时间	年　月　日

2.4.4 任务拓展

能力提升单

任务 4	水泥标准稠度用水量检测		学时	4
班级		学号	姓名	
巩固强化练习	 线上答题练习			
拓展任务	工程案例： 　　本工程位于陕西省西安市丰信路与公园大街交汇处东南角，建筑总高度16层，51.33 m；主楼结构形式为剪力墙结构，设计使用年限70年，建筑结构安全等级为二级，混凝土结构环境类别为一、二a、二b；基础垫层混凝土强度等级不应低于C15，基础混凝土抗渗等级为P6，二层结构混凝土柱施工，要求设计强度C30，坍落度180±20 mm。 　　任务发布： 　　请各小组同学根据给定资料，在充分调研原材料情况的前提下，选取适当的检测方法，完成该工程二层结构混凝土柱的混凝土原材料水泥标准稠度用水量的检测，并将结果提交			
工作过程				
组长签字		老师签字		日期：　年　月　日

2.4.5 相关知识

一、水泥标准稠度用水量的基本概念

使水泥净浆达到一定的可塑性时所需的水量，称为水泥的用水量。不同水泥在达到一定稠度时，需要的水量不一定相同。水泥加水量的多少，直接影响水泥的各种性质。为了测定水泥的凝结时间、体积安定性等性能，使其具有可比性，必须在一定的稠度下进行，这个规定的稠度，称为标准稠度。水泥净浆达到标准稠度时所需的拌和水量，称为水泥净浆标准稠度用水量，一般以占水泥质量的百分数表示。常用水泥净浆标准稠度用水量为 22%~32%。水泥熟料矿物成分、细度、混合材料的种类和掺量不同时，其标准稠度用水量也有差别。

国家标准《水泥标准稠度用水量、凝结时间、安全性检验方法》（GB/T 1346—2011）规定，水泥标准稠度用水量可采用"标准法"或"代用法"进行测定。

二、主要检测设备

（1）水泥净浆搅拌机。符合《水泥净浆搅拌机》（JC/T 729—2005）的要求，如图 2-24 所示。

（2）标准法维卡仪。标准稠度试杆由直径为 ϕ10 mm ± 0.05 mm 的圆柱形耐腐蚀金属制成，初凝用试针由钢制成，其有效长度初凝针为 50 mm ± 1 mm，终凝针为 30 mm ± 1 mm，直径为 ϕ1.13 mm ± 0.05 mm，滑动部分的总质量为 300 g ± 1 g，与试杆、试针联结的滑动杆表面应光滑，能靠重力自由下落，不得有紧涩和旷动的现象，如图 2-25 所示。

图 2-24　水泥净浆搅拌机　　　　图 2-25　标准法维卡仪

（3）盛装水泥净浆的试模应由耐腐蚀的有足够硬度的金属制成，试模为深 40 mm ± 0.2 mm、顶内径 ϕ65 mm ± 0.5 mm、底内径 ϕ75 mm ± 0.5 mm 的截顶圆锥体，每个试模应配备一个边长或直径约为 100 mm、厚度 4~5 mm 的平板玻璃底板或金属底板。

（4）量筒或滴定管。精度 ± 0.5 mL，如图 2-26 所示。

（5）电子天平。最大称量不小于 1 000 g，分度值不大于 1 g，如图 2-27 所示。

（6）湿气养护箱。应能使温度控制在 20 ℃ ± 1 ℃，相对湿度大于 90%，如图 2-28 所示。

（7）秒表。分度值 1 s，如图 2-29 所示。

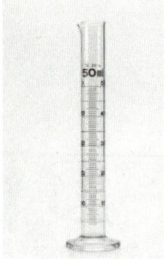

图 2-26　量筒　　　图 2-27　电子天平　　　图 2-28　湿气养护箱　　图 2-29　秒表

三、试验准备

（1）试验条件。试验温度为 20 ℃ ± 2 ℃，相对湿度大于 50%，水泥试样、拌和水、仪器和用具的温度应与试验室一致。湿气养护箱的温度为 20 ℃ ± 1 ℃，相对湿度不低于 90%。

（2）试样准备。样品取样方法按《水泥取样方法》（GB/T 12573—2008）进行。水泥试样应充分拌匀，并通过 0.9 mm 方孔筛，记录筛余百分率及筛余物情况，要防止过筛时混进其他水泥。

（3）试验用水应为洁净的饮用水，如有争议时应以蒸馏水为准。

（4）试验前准备工作。

① 维卡仪的滑动杆能自由滑动。试模和玻璃底板用湿布擦拭，将试模放在底板上。

② 调整至试杆接触玻璃板时指针对准零点。

③ 搅拌机运行正常。

四、检测步骤

（1）水泥净浆拌制。用水泥净浆拌机搅拌，搅拌锅和搅拌叶片先用湿布擦过，将拌和水倒入搅拌锅内，然后在 5 ~ 10 s 内将称好的 500 g 水泥小心加入水中，防止水和水泥溅出；拌和时，先把锅放在搅拌机的锅座上，升至搅拌位置，启动搅拌机，低速搅拌120 s，停 15 s，同时将叶片和锅壁上的水泥浆刮入锅中间，接着高速搅拌 120 s 停机，如图 2-30、图 2-31 所示。

图 2-30　倒入水泥试样

图 2-31　搅拌水泥浆

（2）拌和结束后，立即取适量水泥净浆一次性将其装入已置于玻璃底板上的试模中，用宽约 25 mm 的直边刀轻轻拍打超出试模部分的浆体 5 次以排除浆体中的孔隙。

（3）在试模表面约 1/3 处，略倾斜于试模分别向外轻轻锯掉多余净浆，再从试模边沿轻抹顶部一次，使净浆表面光滑，在锯掉多余净浆和抹平的操作过程中，注意不要压实净浆，如图 2-32 所示。

（4）抹平后迅速将试模和底板移到维卡仪上，并将其中心定在试杆上，降低试杆直至与水泥净浆表面接触，拧紧螺线 1 ~ 2 s 后，突然放松，使试杆垂直自由地沉入水泥净浆中。在试杆停止沉入或释放试杆 30 s 时记录试杆距底板之间的距离，升起试杆后，立即擦净，如图 2-33 所示。

图 2-32 制作试样

图 2-33 标准稠度用水量检测

（5）整个操作应在搅拌后 1.5 min 内完成。以试杆沉入净浆并距底板 6 mm ± 1 mm 的水泥净浆为标准稠度净浆。其拌和水量为该水泥的标准稠度用水量（P），按水泥质量的百分比计。

拓展知识

通用硅酸盐水泥组成材料

【工程案例】工业资源高效循环利用

【思政故事】张亚梅：书写使命担当 打造"无废城市"

任务 2.5　水泥凝结时间检测

2.5.1　任务描述

任务单

任务 5	水泥凝结时间检测	学时	4
学习目标	1. 掌握水泥凝结时间的含义和工程意义； 2. 掌握水泥凝结时间检测的方法； 3. 能够独立进行水泥凝结时间检测，并评定水泥质量； 4. 会制订小组任务实施计划，组织实施后形成评价反馈； 5. 能够科学严谨地分析问题、解决问题		
任务描述	根据项目施工进度，现需要进行 3 号楼混凝土构造柱施工，请按照相关规范进行水泥凝结时间检测。具体任务要求如下： 1. 按照规范完成水泥取样； 2. 按照规范完成水泥凝结时间检测； 3. 填写检测记录表； 4. 评定水泥质量		
资讯问题	1. 什么是水泥的凝结时间？ 2. 影响水泥初凝、终凝时间的因素有哪些？ 3. 为什么要求整个操作在搅拌后的 90 s 内完成？ 4. 水泥浆如何装入试模？有哪些要求？ 5. 硅酸盐水泥凝结时间对工程施工有什么影响？		
资讯引导	查阅书籍和相关规范、标准，利用国家、省级、校内课程资源学习。 相关规范：《水泥取样方法》（GB/T 12573—2008）；《水泥标准稠度用水量、凝结时间、安定性检验方法》（GB/T 1346—2011）		
思政资源	 河北：京张高铁突破多项技术　成就精品工程		

2.5.2 任务实施

实施单

任务 5	水泥凝结时间检测			学时	4
班级				组号	
实施方式	按最佳计划，各小组成员共同完成实施工作				

试验环境	温度		湿度		是否满足试验要求	是
						否

试验方法	
试验设备	
试验步骤	

试验记录					

0.9 mm 筛上质量/g		0.9 mm 筛余百分率/%			

试验次数	开始加水时间 /（h：min）	试针距底板 （4±1）mm 时间 /（h：min）	试针沉入净浆 0.5 mm 时间 /（h：min）	初凝时间 /min	终凝时间 /min

试验结果与分析				
组长签字		教师签字		日期： 年 月 日

2.5.3　评价反馈

教学反馈单

任务 5	水泥凝结时间检测		学时	4
班级		学号		姓名	
调查方式	对学生知识掌握、能力培养的程度，学习与工作的方法及环境进行调查				

序号	调查内容	是	否
1	你清楚水泥凝结时间的含义了吗？		
2	你能列出水泥凝结时间检测的方法吗？		
3	你能列出水泥凝结时间检测的设备清单吗？		
4	你学会了水泥凝结时间检测方法吗？		
5	你学会了水泥试样取样方法？		
6	你对本任务的教学方式满意吗？		
7	你对本小组的学习和工作满意吗？		
8	你对教学环境适应吗？		
9	你有规范计算取值的意识吗？		

其他改进教学的建议：				
本调查人签名		调查时间		年　　月　　日

2.5.4 任务拓展

能力提升单

任务 5	水泥凝结时间检测		学时	4
班级		学号		姓名	
巩固强化练习	 线上答题练习			
拓展任务	工程案例： 　　本工程位于陕西省西安市丰信路与公园大街交汇处东南角,建筑总高度16层,51.33 m；主楼结构形式为剪力墙结构,设计使用年限70年,建筑结构安全等级为二级,混凝土结构环境类别为一、二a、二b；基础垫层混凝土强度等级不应低于C15,基础混凝土抗渗等级为P6,二层结构混凝土柱施工,要求设计强度C30,坍落度180±20 mm。 　　任务发布： 　　请各小组同学根据给定资料,在充分调研原材料情况的前提下,选取适当的检测方法,完成该工程二层结构混凝土柱的混凝土原材料水泥凝结时间的检测,并将结果提交			
工作过程				
组长签字		老师签字		日期：　年　月　日	

2.5.5 相关知识

一、硅酸盐水泥的凝结与硬化

水泥用适量的水调和后，最初形成具有可塑性的浆体，由于水泥的水化作用，随着时间的增长，水泥浆逐渐变稠失去流动性和可塑性（但尚无强度），这一过程称为凝结，随后产生强度逐渐发展成为坚硬的水泥石的过程称之为硬化。水泥的凝结和硬化是人为划分的两个阶段，实际上是一个连续而复杂的物理化学变化过程，这些变化决定了水泥石的某些性质，对水泥的应用有着重要意义。

（一）硅酸盐水泥的水化作用

水泥加水后，水泥颗粒被水包围，其熟料矿物颗粒表面立即与水发生化学反应，生成了一系列新的化合物，并放出一定的热量。其反应式如下：

$$3CaO \cdot Al_2O_3 + 6H_2O === 3CaO \cdot Al_2O_3 \cdot 6H_2O$$

铝酸三钙　　　　　　　　水化铝酸三钙

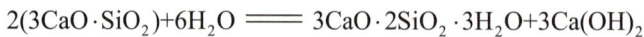

$$2(3CaO \cdot SiO_2) + 6H_2O === 3CaO \cdot 2SiO_2 \cdot 3H_2O + 3Ca(OH)_2$$

硅酸三钙　　　　　　　　水化硅酸钙　　　氢氧化钙

$$4CaO \cdot Al_2O_3 \cdot Fe_2O_3 + 7H_2O === 3CaO \cdot Al_2O_3 \cdot 6H_2O + CaO \cdot Fe_2O_3 \cdot H_2O$$

铁铝酸四钙　　　　　　　　　　　水化铝酸三钙　　　　水化铁酸一钙

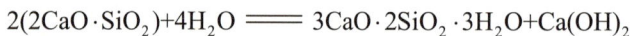

$$2(2CaO \cdot SiO_2) + 4H_2O === 3CaO \cdot 2SiO_2 \cdot 3H_2O + Ca(OH)_2$$

硅酸二钙　　　　　　　　水化硅酸钙　　　氢氧化钙

为了调节水泥的凝结时间，在熟料磨细时应掺加适量（3%左右）石膏，这些石膏与部分水化铝酸钙反应，生成难溶的水化硫铝酸钙，呈针状晶体并伴有明显的体积膨胀。

$$3CaO \cdot Al_2O_3 \cdot 6H_2O + 3(CaSO_4 \cdot H_2O) + 19H_2O === 3CaO \cdot Al_2O_3 \cdot 3CaSO_4 \cdot 31H_2O$$

水化铝酸钙　　　　　　　石膏　　　　　　　　高硫型水化硫铝酸钙

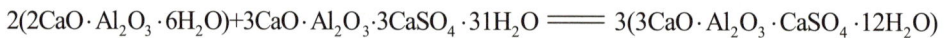

$$2(2CaO \cdot Al_2O_3 \cdot 6H_2O) + 3CaO \cdot Al_2O_3 \cdot 3CaSO_4 \cdot 31H_2O === 3(3CaO \cdot Al_2O_3 \cdot CaSO_4 \cdot 12H_2O)$$

　　　　　　　　　　　　　　　　　　　　　　　　　　　低硫型水化硫铝酸钙

综上，硅酸盐水泥与水作用后，生成的主要水化产物有水化硅酸钙、水化铁酸钙凝胶体、氢氧化钙、水化铝酸钙和水化硫铝酸钙晶体。

（二）硅酸盐水泥的凝结与硬化

硅酸盐水泥的凝结硬化过程非常复杂，目前常把硅酸盐水泥凝结硬化划分为以下四个阶段，如图 2-34 所示。

当水泥加水拌和后，在水泥颗粒表面立即发生水化反应，生成的胶体状水化产物聚集在颗粒表面，使化学反应减慢，未水化的水泥颗粒分散在水中，成为水泥浆体。此时水泥浆体具有良好的可塑性，如图 2-34（a）所示。随着水化反应继续进行，新生成的水化物逐渐增多，自由水分不断减少，水泥浆体逐渐变稠，包有凝胶层的水泥颗粒凝结成多孔的空间网络结构。由于此时水化物尚不多，包有水化物膜层的水泥颗粒相互间引力较小，颗粒之间尚可分离，如图 2-34（b）所示。水泥颗粒不断水化，水化产物不断生成，水化凝胶体含量不断增加，生成的胶体状水化产物不断增多并在某些点接触，构成疏松的网状结构，使浆体失去流动性及可塑性，水泥逐渐凝结，如图 2-34（c）所示。此后由于生成的水化硅酸钙凝胶、氢氧化钙和水化硫铝酸钙晶体等水化产物不断增多，它们相互接触连生，到一定程度，建立起紧密的网状结晶结构，并在网状结构内部不断充实水化产物，使水泥具有初步的强度。随着硬化时间（龄期）的延续，水泥颗粒内部未水化部分将继续水化，使晶体逐渐增多，凝胶体逐渐密实，水泥石就具有越来越高的胶结力和强度，最后形成具有较高强度的水泥石，水泥进入硬化阶段，如图 2-34（d）所示。这就是水泥的凝结硬化过程。

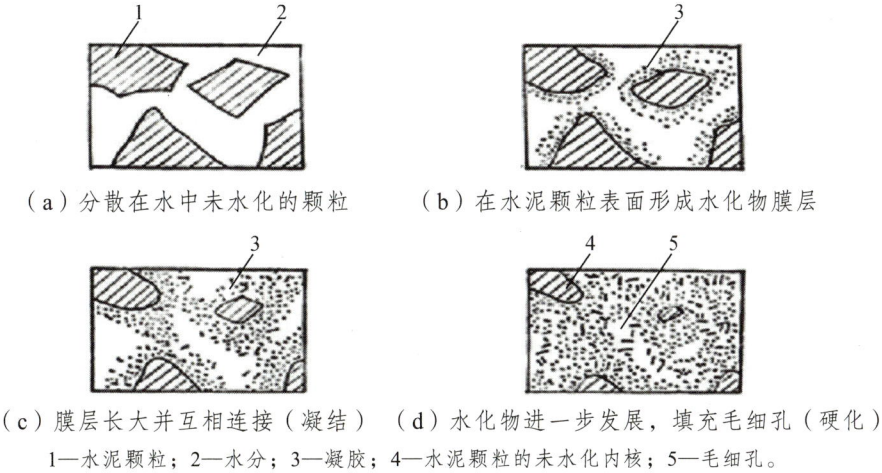

（a）分散在水中未水化的颗粒　　　（b）在水泥颗粒表面形成水化物膜层

（c）膜层长大并互相连接（凝结）　（d）水化物进一步发展，填充毛细孔（硬化）

1—水泥颗粒；2—水分；3—凝胶；4—水泥颗粒的未水化内核；5—毛细孔。

图 2-34　水泥凝结硬化过程示意图

硬化后的水泥石是由晶体、胶体、未水化完的水泥熟料颗粒、游离水分和大小不等的孔隙组成的不均质结构体，如图 2-35 所示。

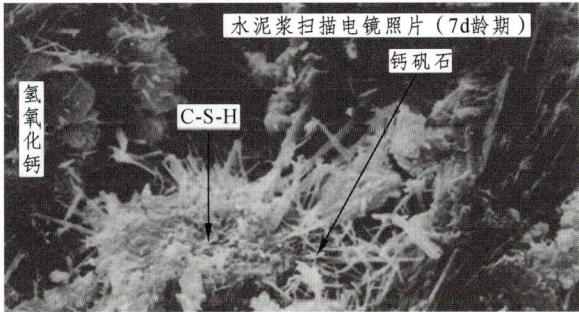

图 2-35　水泥浆扫描电镜照片（7 d 龄期）

由上述过程可知，水泥的凝结硬化是从水泥颗粒表面逐渐深入到内层的，在最初的几天（1~3 d）水分渗入速度快，所以强度增加率快，大致 28 d 可完成这个过程基本部分。随后水分渗入越来越难，所以水化作用就越来越慢。另外强度的增长还与温度、湿度有关。温湿度越高，水化速度越快，则凝结硬化快；反之则慢。若水泥石处于完全干燥的情况下，水化就无法进行，硬化停止，强度不再增长。所以，混凝土构件浇注后应加强洒水养护。当温度低于 0 ℃ 时，水化基本停止，因此冬期施工时，需要采取保温措施，保证水泥凝结硬化的正常进行。实践证明，若温度和湿度适宜，未水化的水泥颗粒仍将继续水化，水泥石的强度在几年甚至几十年后仍缓慢增长。

（三）影响硅酸盐水泥凝结硬化的主要因素

1. 水泥矿物组成

水泥的矿物组成及各组分的比例是影响水泥凝结硬化的最主要因素。不同矿物成分单独和水起反应时所表现出来的特点是不同的，其强度发展规律也必然不同。如在水泥中提高铝酸三钙的含量，将使水泥的凝结硬化加快，同时水化热也大。一般来讲，若在水泥熟料中加混合材料，将使水泥的抗侵蚀性提高，水化热降低，早期强度降低。

2. 水泥的细度

水泥颗粒的粗细直接影响水泥的水化、凝结硬化、强度及水化热等。这是因为水泥颗粒越细，总表面积越大，与水的接触面积也大，因此水化迅速，凝结硬化也相应增快，早期强度也高。但水泥颗粒过细，易与空气中的水分及二氧化碳反应，致使水泥不宜久存，过细的水泥硬化时产生的收缩也较大，水泥磨得越细，耗能越多，成本越高。

3. 石膏掺量

石膏称为水泥的缓凝剂，主要用于调节水泥的凝结时间，是水泥中不可缺少的组分。水泥熟料在不加入石膏的情况下与水拌和会立即产生凝结，同时放出热量，石膏可以有效延缓水泥的凝结时间，但过多地掺入石膏，其本身会生成一种促凝物质，反使水泥快凝。石膏掺量一般为水泥质量的 3% ~ 5%。

4. 水灰比

水泥水灰比的大小直接影响新拌水泥浆体内毛细孔的数量，拌和水泥时，用水量过大，新拌水泥浆体内毛细孔的数量就要增大，必然使水泥的强度降低。在不影响拌和、施工的条件下，水灰比小，则水泥浆稠，水泥石的整体结构内毛细孔减少，胶体网状结构易于形成，促使水泥的凝结硬化速度快，强度显著提高。

5. 养护条件（温度、湿度）

养护环境有足够的温度和湿度，有利于水泥的水化和凝结硬化过程，有利于水泥的早期强度发展。如果环境十分干燥时，水泥中的水分蒸发，导致水泥不能充分水化，同时硬化也将停止，严重时会使水泥石产生裂缝。图 2-36 所示为养护湿度对水泥强度的影响。

当温度低于 5 ℃ 时，水泥的凝结硬化速度大大减慢；当温度低于 0 ℃ 时，水泥的水化将基本停止，强度不但不增长，甚至会因水结冰而导致水泥石结构破坏。实际工程中，常通过蒸汽养护、蒸压养护来加快水泥制品的凝结硬化过程。

6. 养护龄期

水泥的水化硬化是一个较长时期内不断进行的过程，随着水泥颗粒内各熟料矿物水化程度的提高，凝胶体不断增加，毛细孔不断减少，使水泥石的强度随龄期增长而增加。实践证明，水泥一般在 28 d 内强度发展较快，28 d 后增长缓慢，如图 2-37 所示。

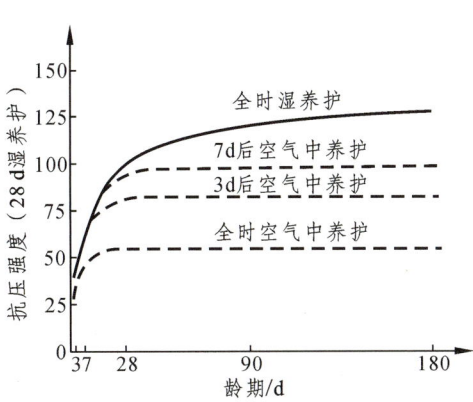

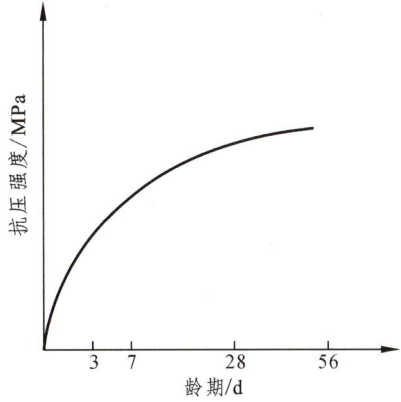

图 2-36　养护湿度对水泥强度的影响　　图 2-37　龄期对水泥强度的影响

此外，水泥中外加剂的应用、水泥的储存条件等，对水泥的凝结硬化以及强度，都有一定的影响。

二、水泥凝结时间的基本概念

凝结时间分初凝和终凝。初凝是指水泥加水拌和起至标准稠度净浆开始失去可塑性所需的时间；终凝时间是水泥加水拌和至标准稠度净浆完全失去可塑性并开始产生强度所需的时间。

国家标准规定，硅酸盐水泥的初凝时间不得早于 45 min，终凝时间不得迟于390 min。普通硅酸盐水泥、矿渣硅酸盐水泥、火山灰质硅酸盐水泥、粉煤灰硅酸盐水泥和复合硅酸盐水泥的初凝时间不小于 45 min，终凝时间不大于 600 min。

三、主要检测设备

（1）水泥净浆搅拌机。符合《水泥净浆搅拌机》（JC/T 729—2005）的要求，如图2-38 所示。

（2）标准法维卡仪。标准稠度试杆由直径为 $\phi10$ mm ± 0.05 mm 的圆柱形耐腐蚀金属制成，初凝用试针由钢制成，其有效长度初凝针为 50 mm ± 1 mm，终凝针为 30 mm ± 1 mm，直径为 $\phi1.13$ mm ± 0.05 mm，滑动部分的总质量为 300 g ± 1 g，与试杆、试针联结的滑动杆表面应光滑，能靠重力自由下落，不得有紧涩和旷动的现象，如图 2-39 所示。

图 2-38　水泥净浆搅拌机　　　　图 2-39　标准法维卡仪

（3）盛装水泥净浆的试模应由耐腐蚀的有足够硬度的金属制成，试模为深 40 mm ± 0.2 mm，顶内径 ϕ65 mm ± 0.5 mm，底内径 ϕ75 mm ± 0.5 mm 的截顶圆锥体，每个试模应配备一个边长或直径约为 100 mm、厚度 4～5 mm 的平板玻璃底板或金属底板。

（4）量筒或滴定管。精度 ± 0.5 mL，如图 2-40 所示。

（5）电子天平。最大称量不小于 1 000 g，分度值不大于 1 g，如图 2-41 所示。

（6）湿气养护箱。应能使温度控制在 20 ℃ ± 1 ℃，相对湿度大于 90%，如图 2-42 所示。

（7）秒表。分度值 1 s，如图 2-43 所示。

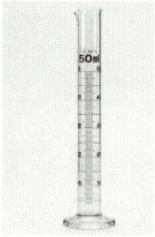

图 2-40　量筒　　　图 2-41　电子天平　　　图 2-42　湿气养护箱　　图 2-43　秒表

四、试验准备

（1）试验条件。试验温度为 20 ℃ ± 2 ℃，相对湿度大于 50%，水泥试样、拌合水、仪器和用具的温度应与试验室一致。湿气养护箱的温度为 20 ℃ ± 1 ℃，相对湿度不低于 90%。

（2）试样准备。样品取样方法按《水泥取样方法》（GB/T 12573—2008）进行。水泥试样应充分拌匀，并通过 0.9 mm 方孔筛，记录筛余百分率及筛余物情况，要防止过筛时混进其他水泥。

（3）试验用水应为洁净的饮用水，如有争议时应以蒸馏水为准。

（4）试验前准备工作。

维卡仪的滑动杆能自由滑动。试模和玻璃底板用湿布擦拭，将试模放在底板上。

调整至凝结时间测定仪的试针接触玻璃板时指针对准零点。

搅拌机运行正常。

五、检测步骤

1. 试件的制备

按《水泥标准稠度用水量、凝结时间、安定性检验方法》（GB/T 1346—2011）7.2 条制成标准稠度净浆，按《水泥标准稠度用水量、凝结时间、安定性检验方法》（GB/T 1346—2011）7.3 条装模和刮平后，立即放入湿气养护箱中。记录水泥全部加入水中的时间作为凝结时间的起始时间。

2. 初凝时间的测定

试件在湿气养护箱中养护至加水后 30 min 时进行第一次测定。测定时，从湿气养护箱中取出试模放到试针下，降低试针使其与泥净浆表面接触。

拧紧螺丝 1～2 s 后，突然放松，试针垂直自由地沉入水泥净浆。观察试针停止下沉或释放试针 30 s 时指针的读数。临近初凝时间时每隔 5 min（或更短时间）测定一次，当试针沉至距底板 4 mm ± 1 mm 时，为水泥达到初凝状态。由水泥全部加入水中至水泥达到初凝状态的时间为水泥的初凝时间，单位用 min 表示，如图 2-44 所示。

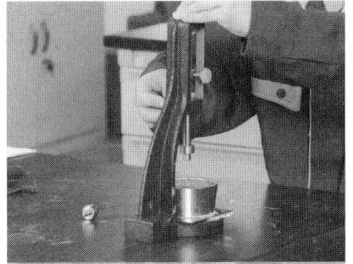

图 2-44　初凝时间测定

3. 终凝时间的测定

为了准确观测试针沉入的状况，在终凝针上安装了一个环形附件。

在完成初凝时间测定后，立即将试模连同浆体以平移的方式从玻璃板取下，翻转 180°，直径大端向上，小端向下放在玻璃板上，再放入湿气养护箱中继续养护，临近终凝时间时每隔 15 min（或更短时间）测定一次，当试针沉入试体 0.5 mm 时，即环形附件开始不能在试体上留下痕迹时，为水泥达到终凝状态。由水泥全部加入水中至水泥达到终凝状态的时间为水泥的终凝时间，单位用 min 表示，如图 2-45 所示。

4. 测定注意事项

测定时应注意，在最初测定的操作时应轻轻扶持金属柱，使其徐徐下降，以防试针撞弯，但结果以自由下落为准。

图 2-45　终凝时间测定

在整个测试过程中试针沉入的位置至少要距试模内壁 10 mm。临近初凝时，每隔 5 min（或更短时间）测定一次，临近终凝时每隔 15 min（或更短时间）测定一次，到达初凝或终凝时应立即重复测一次。认定达到初凝需两次结论相同；到达终凝时，需要在试体另外两个不同点测试，确认结论相同才能定为达到终凝状态。

每次测定不能让试针落入原针孔，每次测试完毕须将试针擦净并将试模放回湿气养护箱内，整个测试过程要防止试模受振。

📖💡 **拓展知识**

水化热　　　　　　　【工程案例】一座坝的光荣与梦想

【视频资源】白鹤滩大坝是世界首座用低热水泥浇筑的大坝

任务 2.6 水泥体积安定性检测

2.6.1 任务描述

任务单

任务 6	水泥体积安定性检测	学时	4
学习目标	1. 掌握水泥体积安定性的含义和工程意义； 2. 掌握水泥体积安定性检测的方法； 3. 能够独立进行水泥体积安定性检测，并评定水泥质量； 4. 会制订小组任务实施计划，组织实施后形成评价反馈； 5. 能够科学严谨地分析问题、解决问题		
任务描述	根据项目施工进度，现需要进行 3 号楼混凝土构造柱施工，请按照相关规范进行水泥体积安定性检测。具体任务要求如下： 1. 按照规范完成水泥取样； 2. 按照规范完成水泥体积安定性检测； 3. 填写检测记录表； 4. 评定水泥质量		
资讯问题	1. 为什么要检测水泥体积安定性？ 2. 水泥体积安定性检测方法有哪些？ 3. 沸煮法的方法有哪些？ 4. 往雷氏夹内装入水泥浆有哪些要求？ 5. 如何评定水泥体积安定性？		
资讯引导	查阅书籍和相关规范、标准，利用国家、省级、校内课程资源学习。 相关规范：《水泥取样方法》(GB/T 12573—2008)；《水泥标准稠度用水量、凝结时间、安定性检验方法》(GB/T 1346—2011)		
思政资源	探访世界最大的水泥熟料生产基地 世界首个沙漠铁路环线形成		

2.6.2　任务实施

实施单

任务 6	水泥体积安定性检测			学时	4
班级				组号	
实施方式	按最佳计划，各小组成员共同完成实施工作				
试验环境	温度		湿度	是否满足试验要求	是
					否
试验方法					
试验设备					
试验步骤					
试验记录					
0.9 mm 筛上质量/g			0.9 mm 筛余百分率/%		
试件编号	A 值 /mm	C 值 /mm	（$C-A$）值/mm		平均值
试验结果与分析					
组长签字		教师签字		日期：　年　月　日	

2.6.3 评价反馈

教学反馈单

任务6	水泥体积安定性检测		学时	4
班级		学号	姓名	
调查方式	对学生知识掌握、能力培养的程度，学习与工作的方法及环境进行调查			

序号	调查内容	是	否
1	你清楚水泥体积安定性的含义了吗？		
2	你能列出水泥体积安定性检测的方法吗？		
3	你能列出水泥体积安定性检测的设备清单吗？		
4	你学会了水泥体积安定性检测方法吗？		
5	你学会了水泥试样取样方法吗？		
6	你对本任务的教学方式满意吗？		
7	你对本小组的学习和工作满意吗？		
8	你对教学环境适应吗？		
9	你有规范计算取值的意识吗？		

其他改进教学的建议：

本调查人签名		调查时间	年　月　日

2.6.4 任务拓展

能力提升单

任务 6	水泥体积安定性检测		学时	4
班级		学号	姓名	
巩固强化练习	线上答题练习			
拓展任务	工程案例： 　　本工程位于陕西省西安市丰信路与公园大街交汇处东南角，建筑总高度 16 层，51.33 m；主楼结构形式为剪力墙结构，设计使用年限 70 年，建筑结构安全等级为二级，混凝土结构环境类别为一、二 a、二 b；基础垫层混凝土强度等级不应低于 C15，基础混凝土抗渗等级为 P6，二层结构混凝土柱施工，要求设计强度 C30，坍落度 180±20 mm。 　　任务发布： 　　请各小组同学根据给定资料，在充分调研原材料情况的前提下，选取适当的检测方法，完成该工程二层结构混凝土柱的混凝土原材料水泥体积安定性的检测，并将结果提交			
工作过程				
组长签字		老师签字		日期： 年 月 日

2.6.5　相关知识

一、水泥体积安定性的基本概念

体积安定性是指水泥净浆硬化过程中体积变化的均匀性和稳定性。如果在水泥硬化过程中产生不均匀的体积变化，即所谓体积安定性不良，就会使构件产生膨胀性裂缝，降低建筑物质量，甚至引起严重事故。

水泥体积安定性不良的原因主要有：熟料中含有过量的游离氧化钙（f-CaO）、游离氧化镁（f-MgO），掺入的石膏过多。

国家标准规定，用沸煮法检验水泥的体积安定性。测试方法有试饼法和雷氏夹法，有争议时以雷氏夹法为准。同时，国家标准规定硅酸盐水泥中游离氧化镁含量不得超过 5.0%（如果水泥经压蒸试验合格，其中游离氧化镁的含量可以放宽到 6.0%），水泥中三氧化硫含量不超过 3.5%，以控制水泥的体积安定性。

二、主要检测设备

（1）水泥净浆搅拌机。符合《水泥净浆搅拌机》（JC/T 729—2005）的要求。

（2）标准法维卡仪。标准稠度试杆由直径为 ϕ10 mm ± 0.05 mm 的圆柱形耐腐蚀金属制成，初凝用试针由钢制成，其有效长度初凝针为 50 mm ± 1 mm，终凝针为 30 mm ± 1 mm，直径为 ϕ1.13 mm ± 0.05 mm，滑动部分的总质量为 300 g ± 1 g，与试杆、试针联结的滑动杆表面应光滑，能靠重力自由下落，不得有紧涩和旷动的现象。

（3）盛装水泥净浆的试模应由耐腐蚀的有足够硬度的金属制成，试模为深 40 mm ± 0.2 mm，顶内径 ϕ65 mm ± 0.5 mm，底内径 ϕ75 mm ± 0.5 mm 的截顶圆锥体，每个试模应配备一个边长或直径约为 100 mm、厚度 4 ~ 5 mm 的平板玻璃底板或金属底板。

（4）雷氏夹。由铜质材料制成，当一根指针的根部先悬挂在一根金属丝或尼龙丝上，另一根指针的根部再挂上 300 g 质量砝码时，两根指针针尖的距离增加应在 17.5 mm ± 2.5 mm 范围内，即 $2x = 17.5$ mm ± 2.5 mm，当去掉砝码后针尖的距离能恢复至挂砝码前的状态，如图 2-46 所示。

（5）沸煮箱。符合《水泥安定性试验用沸煮箱》（JC/T 955—2005）的要求，如图 2-47 所示。

（6）雷氏夹膨胀测定仪。标尺最小刻度为 0.5 mm，如图 2-48 所示。

图 2-46　雷氏夹　　　　　　图 2-47　沸煮箱　　　　图 2-48　雷氏夹膨胀测定仪

（7）量筒或滴定管。精度 ± 0.5 mL，如图 2-49 所示。

（8）电子天平。最大称量不小于 1 000 g，分度值不大于 1 g，如图 2-50 所示。

（9）湿气养护箱。应能使温度控制在 20 °C ± 1 °C，相对湿度大于 90%，如图 2-51 所示。

（10）秒表。分度值 1 s，如图 2-52 所示。

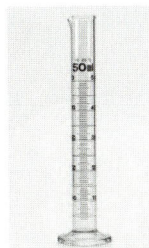

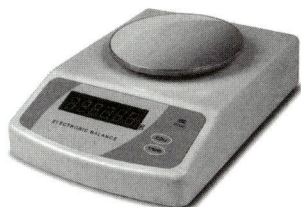

图 2-49　量筒　　　　图 2-50　电子天平　　　　图 2-51　湿气养护箱　　　图 2-52　秒表

三、试验准备

（1）试验条件。试验温度为 20 °C ± 2 °C，相对湿度大于 50%，水泥试样、拌和水、仪器和用具的温度应与试验室一致。湿气养护箱的温度为 20 °C ± 1 °C，相对湿度不低于 90%。

（2）试样准备。样品取样方法按《水泥取样方法》（GB/T 12573—2008）进行。水泥试样应充分拌匀，并通过 0.9 mm 方孔筛，记录筛余百分率及筛余物情况，要防止过筛时混进其他水泥。

（3）试验用水应为洁净的饮用水，如有争议时应以蒸馏水为准。

（4）试验前准备工作。

每个试样需成型两个试件，每个雷氏夹需配备两个边长或直径约 80 mm、厚度 4 ~ 5 mm 的玻璃板，凡与水泥净浆接触的玻璃板和雷氏夹内都要稍稍涂上一层油。

四、检测步骤

1. 雷氏夹试件的成型

将预先准备好的雷氏夹放在已稍擦油的玻璃板上，并立即将已制好的标准稠度水泥净浆一次性装满雷氏夹，装浆时一只手轻轻扶持雷氏夹，另一只手用宽度约 25 mm 的直边刀在浆体表面轻轻插捣 3 次，然后抹平，盖上稍擦油的玻璃板，接着立即将试件移至湿气养护箱内养护 24 h ± 2 h，如图 2-53 所示。

图 2-53　制备雷氏夹试件

2．沸　煮

（1）调整好沸煮箱内水位，以保证水位在整个过程中都能超过试件，不需中途添补试验用水，同时又能保证在 30 min ± 5 min 内开始沸腾。

（2）脱去玻璃板取下试件，先测量雷氏夹指针尖端间的距离（A），精确到 0.5 mm，接着将试件放入沸煮箱中的试件架上，指针朝上，然后在 30 min ± 5 min 内加热至沸并恒沸 180 min ± 5 min。

五、结果判别

沸煮结束后，立即放掉箱中的热水，打开箱盖，待箱体冷却至室温，取出试件进行判别。测定雷氏夹指针尖端的距离（C），精确到 0.5 mm，当两个试件煮后指针尖端增加的距离（$C-A$）的平均值不大于 5.0 mm 时，即认为该水泥安定性合格。当两个试件煮后增加的距离（$C-A$）的平均值大于 5.0 mm 时，应用同一样品立即重做一次试验，以复检结果为准，如图 2-54 所示。

图 2-54　结果判别

📖 **拓展知识一**

水泥石的腐蚀与防止

📖 **拓展知识二**

通用硅酸盐水泥的储存和运输

任务 2.7　水泥胶砂强度检测

2.7.1　任务描述

任务单

任务 7	水泥胶砂强度检测		学时	4
学习目标	1. 掌握水泥胶砂强度的含义和工程意义； 2. 掌握水泥胶砂强度检测方法； 3. 能够独立进行水泥胶砂强度检测，并评定水泥质量； 4. 会制订小组任务实施计划，组织实施后形成评价反馈； 5. 能够科学严谨地分析问题、解决问题			
任务描述	根据项目施工进度，现需要进行 3 号楼混凝土构造柱施工，请按照相关规范进行水泥胶砂强度检测。具体任务要求如下： 1. 按照规范完成水泥取样； 2. 按照规范完成水泥胶砂强度检测； 3. 填写检测记录表； 4. 评定水泥强度			
资讯问题	1. 为什么不直接检测水泥的强度？			
	2. 硅酸盐水泥强度等级有几个级别？			
	3. 水泥胶砂强度如何检测？			
	4. 水泥强度等级中的 R 是什么意思？			
	5. 水泥胶砂强度检测的试验条件是什么？			
资讯引导	查阅书籍和相关规范、标准，利用国家、省级、校内课程资源学习。 相关规范：《水泥取样方法》（GB/T 12573—2008）；《水泥胶砂强度检验方法（ISO 法）》（GB/T 17671—2021）			
思政资源	白鹤滩水电站：在金沙江上铸就"国家名片"			

2.7.2 任务实施

实施单

任务7	水泥胶砂强度检测			学时	4
班级				组号	
实施方式	按最佳计划，各小组成员共同完成实施工作				
试验环境	温度		湿度		是否满足试验要求
试验方法					
试验设备					
试验步骤					

<table>
<tr><td colspan="8" align="center">试验记录</td></tr>
<tr><td rowspan="2">受力种类</td><td rowspan="2">编号</td><td colspan="3">3 d</td><td colspan="3">28 d</td></tr>
<tr><td>荷载/N</td><td>强度/MPa</td><td>平均强度/MPa</td><td>荷载/N</td><td>强度/MPa</td><td>平均强度/MPa</td></tr>
<tr><td rowspan="3">抗折</td><td>1</td><td></td><td></td><td rowspan="3"></td><td></td><td></td><td rowspan="3"></td></tr>
<tr><td>2</td><td></td><td></td><td></td><td></td></tr>
<tr><td>3</td><td></td><td></td><td></td><td></td></tr>
<tr><td rowspan="6">抗压</td><td>1</td><td></td><td></td><td rowspan="6"></td><td></td><td></td><td rowspan="6"></td></tr>
<tr><td>2</td><td></td><td></td><td></td><td></td></tr>
<tr><td>3</td><td></td><td></td><td></td><td></td></tr>
<tr><td>4</td><td></td><td></td><td></td><td></td></tr>
<tr><td>5</td><td></td><td></td><td></td><td></td></tr>
<tr><td>6</td><td></td><td></td><td></td><td></td></tr>
<tr><td colspan="2">试验结果与分析</td><td colspan="6"></td></tr>
<tr><td colspan="2">组长签字</td><td colspan="2"></td><td colspan="2">教师签字</td><td colspan="2">日期： 年 月 日</td></tr>
</table>

2.7.3　评价反馈

教学反馈单

任务7	水泥胶砂强度检测		学时	4
班级		学号	姓名	
调查方式	对学生知识掌握、能力培养的程度，学习与工作的方法及环境进行调查			

序号	调查内容	是	否
1	你清楚水泥胶砂强度的含义了吗？		
2	你能列出水泥胶砂强度检测的方法吗？		
3	你能列出水泥胶砂强度检测的设备清单吗？		
4	你学会了水泥胶砂强度检测的方法吗？		
5	你学会了水泥胶砂搅拌的方法吗？		
6	你对本任务的教学方式满意吗？		
7	你对本小组的学习和工作满意吗？		
8	你对教学环境适应吗？		
9	你有规范计算取值的意识吗？		

其他改进教学的建议：

本调查人签名		调查时间	年　月　日

2.7.4 任务拓展

能力提升单

任务 7	水泥胶砂强度检测		学时	4
班级		学号	姓名	
巩固强化练习	<div align="center">线上答题练习</div>			
拓展任务	工程案例： 　　本工程位于陕西省西安市丰信路与公园大街交汇处东南角，建筑总高度 16 层，51.33 m；主楼结构形式为剪力墙结构，设计使用年限 70 年，建筑结构安全等级为二级，混凝土结构环境类别为一、二 a、二 b；基础垫层混凝土强度等级不应低于 C15，基础混凝土抗渗等级为 P6，二层结构混凝土柱施工，要求设计强度 C30，坍落度 180±20 mm。 　　任务发布： 　　请各小组同学根据给定资料，在充分调研原材料情况的前提下，选取适当的检测方法，完成该工程二层结构混凝土柱的混凝土原材料水泥抗压强度的检测，并将结果提交			
工作过程				
组长签字		老师签字		日期：　年　月　日

2.7.5　相关知识

一、水泥强度及强度等级

水泥的强度是评定水泥质量的重要指标,是划分强度等级的依据。

《水泥胶砂强度检验方法(ISO 法)》(GB/T 17671—2021)规定:水泥、标准砂及水按 1∶3∶0.5 的比例混合,按规定的方法制成 40 mm×40 mm×160 mm 的试件,在标准条件下(温度 20 ℃±1 ℃,相对湿度在 90%以上)进行养护,分别测其 3 d、28 d 的抗压强度和抗折强度,以确定水泥的强度等级。

根据 3 d、28 d 抗折强度和抗压强度划分硅酸盐水泥强度等级,并按照 3 d 强度的大小分为普通型和早强型(用 R 表示)。

硅酸盐水泥分为 42.5、42.5R、52.5、52.5R、62.5、62.5R 六个强度等级。各强度等级水泥的各龄期强度值不得低于国家标准《通用硅酸盐水泥》(GB 175—2007)规定,见表 2-2,如有一项指标低于表中数值,则应降低强度等级,直至四个数值都满足表 2-2 中规定为止。

表 2-2　通用硅酸盐水泥各龄期的强度要求

品种	强度等级	抗压强度/MPa		抗折强度/MPa	
		3 d	28 d	3 d	28 d
硅酸盐水泥	42.5	≥17.0	≥42.5	≥3.5	≥6.5
	42.5R	≥22.0		≥4.0	
	52.5	≥23.0	≥52.5	≥4.0	≥7.0
	52.5R	≥27.0		≥5.0	
	62.5	≥28.0	≥62.5	≥5.0	≥8.0
	62.5R	≥32.0		≥5.5	
普通硅酸盐水泥	42.5	≥17.0	≥42.5	≥3.5	≥6.5
	42.5R	≥22.0		≥4.0	
	52.5	≥23.0	≥52.5	≥4.0	≥7.0
	52.5R	≥27.0		≥5.0	
矿渣硅酸盐水泥、火山灰质硅酸盐水泥、粉煤灰硅酸盐水泥	32.5	≥10.0	≥32.5	≥2.5	≥5.5
	32.5R	≥15.0		≥3.5	
	42.5	≥15.0	≥42.5	≥3.5	≥6.5
	42.5R	≥19.0		≥4.0	
	52.5	≥21.0	≥52.5	≥4.0	≥7.0
	52.5R	≥23.0		≥4.5	
复合硅酸盐水泥	42.5	≥15.0	≥42.5	≥3.5	≥6.5
	42.5R	≥19.0		≥4.0	
	52.5	≥21.0	≥52.5	≥4.0	≥7.0
	52.5R	≥23.0		≥4.5	

二、主要检测设备

水泥胶砂强度检测的主要检测设备有水泥胶砂搅拌机、水泥胶砂试体成型振实台、水泥胶砂试模、抗折试验机、抗折夹具、金属直尺、抗压试验机、抗压夹具、量水器等。具体简介如下。

图 2-55 水泥胶砂搅拌机

1. 水泥胶砂搅拌机

应符合《水泥胶砂强度检验方法（ISO 法）》（GB/T 17671—2021）的要求。工作搅拌叶片既绕自身轴线转动，又沿搅拌锅周边公转，运动轨道似行星式的水泥胶砂搅拌机，如图 2-55 所示。

2. 水泥胶砂试体成型振实台

振实台为基准成型设备，应符合《水泥胶砂试体成型振实台》（JC/T 682—2022）的要求。

振实台应安装在高度约 400 mm 的混凝土基座上，混凝土基座体积应大于 0.25 m³，质量应大于 600 kg，将振实台用地脚螺丝固定在基座上，安装后台盘成水平状态，振实台底座与基座之间要铺一层胶砂以保证它们的完全接触，如图 2-56 所示。

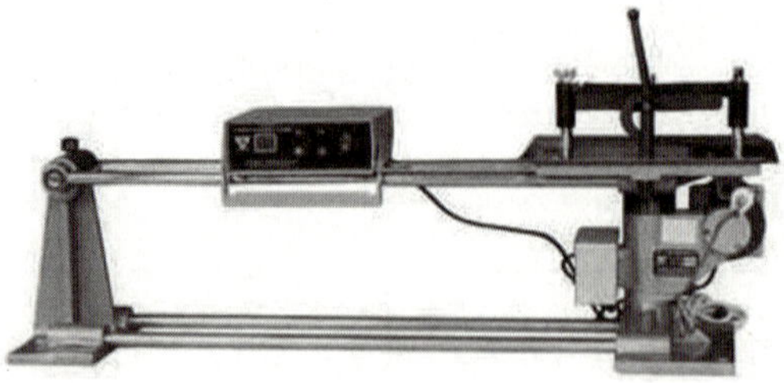

图 2-56 水泥胶砂试体成型振实台

3. 试 模

试模由三个水平的模槽组成，可同时成型三条为 40 mm × 40 mm × 160 mm 的棱形试体，其材质和制造应符合《水泥胶砂试模》（JC/T 726—2005）的要求，如图 2-57 所示。

图 2-57 水泥胶砂试模

4. 抗折试验机

电动双杠杆抗折试验机如图 2-58 所示，加荷圆柱和支撑圆柱的直径为 10.0 mm ± 0.1 mm，两个支撑圆柱的中心距为 100.0 mm ± 0.1 mm。

抗折强度试验机应符合《水泥胶砂电动抗折试验机》（JC/T 724—2005）的要求。

5. 抗压试验机

抗压试验机以 100～300 kN 为宜，误差不得超过 2%。抗压强度试验机应符合《水泥胶砂强度自动压力试验机》（JC/T 960—2022）的要求，如图 2-59 所示。

图 2-58　抗折试验机　　　　　图 2-59　抗压试验机

6. 抗压夹具

当需要使用抗压夹具时，应把它放在压力机的上下压板之间并与压力机处于同一轴线，以便将压力机的荷载传递至胶砂试体表面。抗压夹具应符合《40 mm×40 mm 水泥抗压夹具》（JC/T 683—2005）的要求。抗压夹具由硬质钢材制成，加压板长为 40 mm±0.1 mm，宽不小于，加压面必须磨平。

7. 天　平

分度值不大于 ±1 g。

8. 计 时 器

分度值不大于 ±1 s。

9. 加 水 器

分度值不大于 ±1 mL。

二、胶砂组成

1. 中国 ISO 标准砂

中国 ISO 标准砂应完全符合表 2-3 中颗粒分布的规定，通过对有代表性样品的筛析来测定。每个筛子的筛析试验应进行至每分钟通过量小于 0.5 g 为止。

表 2-3　ISO 标准砂的颗粒分布

方孔筛孔径/mm	2.00	1.60	1.00	0.50	0.16	0.08
累计筛余/%	0	7±5	33±5	67±5	87±5	99±1

中国 ISO 标准砂的湿含量小于 0.2%，通过代表性样品在 105～110 °C 下烘干至恒重后的质量损失来测定，以干基的质量分数表示。

中国 ISO 标准砂以 1 350 g ± 5 g 容量的塑料袋包装。所用塑料袋不应影响强度试验结果，且每袋标准砂应符合表 2-3 中的颗粒分布以及湿含量要求。

使用前，中国 ISO 标准砂应妥善存放，避免破损、污染、受潮。

2. 水　泥

水泥样品应储存在气密的容器里，这个容器不应与水泥发生反应。试验前混合均匀。

3. 水

验收试验如有争议时应使用符合《分析实验室用水规格和试验方法》（GB/T 6682—2008）规定的三级水，其他试验可用饮用水。

四、胶砂的制备

（1）将试模擦净，四周模板与底板接触面上应涂黄油，紧密装配，防止漏浆，内壁均匀刷一薄层机油。

（2）配合比。胶砂的质量配合比为 1 份水泥、3 份中国 ISO 标准砂和半份水（水灰比 W/C 为 0.50）。每锅材料需 450 g ± 2 g 水泥、1 350 g ± 5 g 砂子和 225 mL ± 1 mL 或 225 g ± 1 g 水。一锅胶砂成型三条试体。

（3）胶砂用搅拌机按以下程序进行搅拌，可以采用自动控制，也可以采用手动控制：

① 把水加入锅里，再加入水泥，把锅固定在固定架上，上升至工作位置。

② 立即开动机器，先低速搅拌 30 s ± 1 s 后，在第二个 30 s ± 1 s 开始的同时均匀地将砂子加入。把搅拌机调至高速再搅拌 30 s ± 1 s。

③ 停拌 90 s，在停拌开始的 15 s ± 1 s 内，将搅拌锅放下，用刮刀将叶片、锅壁和锅底上的胶砂刮入锅中。

④ 再在高速模式下继续搅拌 60 s ± 1 s。

停机后，将粘在叶片上的胶砂刮下，取下搅拌锅。

五、试体的制备

1. 尺寸和形状

试体为 40 mm × 40 mm × 160 mm 的棱柱体。

2. 成　型

（1）用振实台成型。

胶砂制备后立即进行成型。将空试模和模套固定在振实台上，用料勺将锅壁上的胶砂清理到锅内并翻转搅拌胶砂使其更加均匀，成型时将胶砂分两层装入试模。装第一层时，每个槽里约放 300 g 胶砂，先用料勺沿试模长度方向划动胶砂以布满模槽，再用大布料器垂直架在模套顶部沿每个模槽来回一次将料层布平，接着振实 60 次。再装入第二层胶砂，用料勺沿试模长度方向划动胶砂以布满模槽，但不能接触已振实胶砂，再用小布料器布平，振实 60 次。每次振实时可将一块用水湿过拧干、比模套尺寸稍大的棉纱布盖在模套上以防止振实时胶砂飞溅。

移走模套，从振实台上取下试模，用一金属直边尺以近似 90°的角度（但向刮平方向稍斜）架在试模模顶的一端，然后沿试模长度方向以横向锯割动作慢慢向另一端移动，将超过试模部分的胶砂刮去。锯割动作的多少和直尺角度的大小取决于胶砂的稀稠程度，较稠的胶砂需要多次锯割，锯割动作要慢以防止拉动已振实的胶砂。用拧干的湿毛巾将试模端板顶部的胶砂擦拭干净，再用同一直边尺以近乎水平的角度将试体表面抹平。抹平的次数要尽量少，总次数不应超过 3 次。最后将试模周边的胶砂擦除干净。

用毛笔或其他方法对试体进行编号。两个龄期以上的试体，在编号时应将同一试模中的 3 条试体分在两个以上龄期内。

（2）用振动台成型。

在搅拌胶砂的同时将试模和下料漏斗卡紧在振动台的中心。将搅拌好的全部胶砂均匀地装入下料漏斗中，开动振动台，胶砂通过漏斗流入试模。振动 120 s±5 s 后停止振动。振动完毕，取下试模，用刮平尺以刮平手法刮去其高出试模的胶砂并抹平、编号。

六、试体的养护

1. 脱模前的处理和养护

在试模上盖一块玻璃板，也可用相似尺寸的钢板或不渗水的、和水泥不发生反应的材料制成的板。盖板不应与水泥胶砂接触，盖板与试模之间的距离应控制在 2 ~ 3 mm。为了安全，玻璃板应有磨边。

立即将做好标记的试模放入养护室或湿箱的水平架子上养护，湿空气应能与试模各边接触。养护时不应将试模放在其他试模上。一直养护到规定的脱模时间时取出脱模。

2. 脱 模

脱模应非常小心。脱模时可以用橡皮锤或脱模器。

对于 24 h 龄期的，应在破型试验前 20 min 内脱模。对于 24 h 以上龄期的，应在成型后 20 ~ 24 h 脱模。

如经 24 h 养护，脱模会对强度造成损害时，可以延迟至 24 h 以后脱模，但在试验报告中应予说明。

已确定作为 24 h 龄期试验（或其他不下水直接做试验）的已脱模试体，应用湿布覆盖至做试验时为止。

对于胶砂搅拌或振实台的对比，建议称量每个模型中试体的总量。

七、试验程序

试样从养护箱或者水中取出后，在强度试验前应用湿布覆盖。

1. 抗折强度的测定

（1）检验步骤。

各龄期必须在规定的时间内取出三条试样先做抗折强度测定。测定前须擦去试样表面的水分和砂粒，消除夹具上圆柱表面粘着的杂物。试样放入抗折夹具内，应使试样侧面与圆柱接触。

采用杠杆式抗折试验机时，在试样放入之前，应先将游动砝码移至零刻度线，调整平衡砣，使杠杆处于平衡状态。试样放入后，调整夹具，使杠杆有一仰角，从而在试样折断时尽可能地接近平衡位置。然后，起动电机，丝杆转动带动游动砝码给试样加荷；试样折断后从杠杆上可直接读出破坏荷载和抗折强度。抗折强度测定时的加荷速度为 (50 ± 10) N/s。

（2）试验结果。

抗折强度值，可在仪器的标尺上直接读出强度值。也可在标尺上读出破坏荷载值，按下式计算，精确至 0.1 MPa。

$$R_f = \frac{1.5 F_f L}{b^3}$$

式中　R_f——抗折强度，单位为兆帕（MPa）；

　　　F_f——折断时施加于棱柱体中部的荷载，单位为牛顿（N）；

　　　L——支撑圆柱之间的距离，单位为毫米（mm）；

　　　b——棱柱体正方形截面的边长，单位为毫米（mm）。

抗折强度以一组三个棱柱体抗折结果的平均值作为试验结果。当三个强度值中有超过平均值的 ±10%时，应剔除后再取平均值作为抗折强度试验结果。

2. 抗压强度的测定

（1）检验步骤。

抗折强度试验完成后，取出两个半截试体，进行抗压强度试验，抗压强度试验在半截棱柱体的侧面上进行。半截棱柱体中心与压力机压板受压中心差应在 ±0.5 mm 内，棱柱体露在压板外的部分约有 10 mm，在整个加荷过程中以(2 400 ± 200) N/s 的速率均匀地加荷直至破坏。

（2）试验结果。

抗压强度按下式计算，计算精确至 0.1 MPa。

$$R_c = \frac{F_c}{A}$$

式中　R_c——抗压强度，单位为兆帕（MPa）；

　　　F_c——破坏时的最大荷载，单位为牛顿（N）；

　　　A——受压面积，单位为平方毫米（mm²）。

抗压强度以一组 3 个棱柱体上得到的 6 个抗压强度测定值的平均值作为试验结果。当 6 个测定值中有 1 个超出 6 个平均值的 ±10%时，剔除这个结果，再以剩下 5 个的平均值作为结果。当 5 个测定值中再有超过它们平均值的 ±10%时，则此组结果作废。当 6 个测定值中同时有 2 个或 2 个以上超出平均值的 ±10%时，则此组结果作废。

📖💡 **拓展知识一**

通用硅酸盐水泥的特性及适用范围

【思政案例】四层"防护服"，三条"脑回路"，独一无二的"芯"，这就是中国"名片"

📖💡 **拓展知识二**

其他品种水泥及其选用

【工程案例】上海首个混凝土 3D 打印图书屋

根据案例，请思考 3D 打印混凝土所使用的水泥有什么特点。

项目 3

细集料的性质与检测

项目目标

知识目标：

1. 了解混凝土用砂的种类；
2. 熟悉混凝土用砂的质量要求；
3. 掌握砂的质量及混凝土用砂的技术依据。

能力目标：

1. 能正确取样、使用仪器设备进行细集料的性质检测；
2. 能按照施工和规范要求合理选用细集料。

素质目标：

1. 培养沟通协调、团队合作的能力；
2. 培养吃苦耐劳、精细规范的品格；
3. 培养精益求精、严谨细致的职业精神。

项目任务

本项目选取的工程为西安某住宅小区项目，位于西安市未央区。项目共有六栋 15 层住宅、三栋 6 层住宅及若干商业用房，地下室一层；结构类型为框-剪结构，基础类型有独立基础和桩基础两种形式，结构设计使用年限 50 年；黄土地区建筑物分类、湿陷等级为 I 级轻微湿陷性，结构安全等级为二级，抗震设防烈度为 8 度，结构环境类别为一类和二 b 类；工程使用的主要结构材料有混凝土、钢筋、水泥砂浆、加气混凝土砌块等。

现该工程 3 号楼需要进行主体结构工程施工，需要现场拌制砂浆和混凝土。请根据相关标准和规范进行砂浆和混凝土组成材料砂子的相关技术性能检测，填写检测记录表，为现场拌制砂浆和混凝土提供相关参考数据。

任务 3.1 砂的表观密度检测（标准法）

3.1.1 任务描述

任务单

任务 1	砂的表观密度检测（标准法）	学时	2
学习目标	1. 了解砂的种类及特征； 2. 掌握混凝土用砂的技术要求； 3. 能够根据工程需求进行砂的人工掺配； 4. 会制订小组任务实施计划，组织实施后形成评价反馈； 5. 能够科学严谨地分析问题、解决问题		
任务描述	根据项目实际，对施工现场的建设用砂，按照规范要求进行砂的表观密度检测。具体任务要求如下： 1. 按照规范和施工要求进行砂的表观密度检测； 2. 根据任务制订本小组工作计划； 3. 按照要求完成材料检测记录表		
资讯问题	1. 常见的建设用砂有哪些类型？		
	2. 什么是材料的表观密度？		
	3. 细集料的粒径一般是多少？		
资讯引导	查阅书籍和相关规范、标准，利用国家、省级、校内课程资源学习。 相关规范：《建设用砂》（GB/T 14684—2022）；《普通混凝土用砂、石质量及检验方法标准》（JGJ 52—2006）		
思政资源	砂子、沙子我知道　　　　　　　为"砂"疯狂		

3.1.2 任务实施

实施单

任务 1	砂的表观密度检测（标准法）			学时	2
班级				组号	
实施方式	按最佳计划，各小组成员共同完成实施工作				

试验环境	温度		湿度		是否满足试验要求	是
						否

原材料描述	
仪器准备	
取样方法	

试验结果与分析	序号	烘干试样质量 m_0/g	试样、水及容量瓶的总质量 m_1/g	水及容量瓶的总质量 m_2/g	密度 ρ/（g/cm³）	密度平均值 $\bar{\rho}$/（g/cm³）
	试验结果分析					

组长签字		教师签字		日期： 年 月 日	

3.1.3 评价反馈

教学反馈单

任务 1		砂的表观密度检测		学时	2
班级		学号		姓名	
调查方式		对学生知识掌握、能力培养的程度，学习与工作的方法及环境进行调查			

序号	调查内容	是	否
1	你了解砂子每验收批的取样方法吗？		
2	你学会砂子的表观密度计算了吗？		
3	你是否熟练砂的表观密度检测（标准法）试验？		
4	你了解表观密度试验项目所需砂的最少取样数量吗？		
5	你知道混凝土用砂的技术依据是什么吗？		
6	你对本任务的教学方式满意吗？		
7	你对本小组的学习和工作满意吗？		
8	你对教学环境适应吗？		
9	你有规范计算取值的意识吗？		

其他改进教学的建议：

本调查人签名		调查时间	年　月　日

3.1.4 任务拓展

能力提升单

任务 1	砂的表观密度检测（标准法）		学时	
班级		学号	姓名	
巩固强化练习	 线上答题练习			
拓展任务	工程案例： 　　陕西职业技术学院建筑工程学院实训中心——土木工程材料与检测实训室扩建项目，新到一批砂子，现场拌制混凝土需检测组成材料砂子的相关技术性能。根据相关标准和规范进行检测，要求工作过程符合 7S 管理规范，检测过程严格按照混凝土用砂质量及检验方法标准进行。 任务发布： 　　请各小组同学根据给定资料，在充分调研原材料情况的前提下，完成该工程所用砂子的表观密度试验（标准法），并提交结果			
工作过程				
组长签字		老师签字	日期：　年　月　日	

任务 3.2 砂的表观密度检测（简易法）

3.2.1 任务描述

任务单

任务 2	砂的表观密度检测（简易法）	学时	2
学习目标	1. 能够严格按照规范要求采用简易法测定砂的表观密度； 2. 能够根据测定指标进行砂的表观密度的评定； 3. 会制订小组任务实施计划，组织实施后形成评价反馈； 4. 能够科学严谨地分析问题、解决问题		
任务描述	请按照《普通混凝土用砂、石质量及检验方法标准》（JGJ 52—2006）进行砂的表观密度测定，具体任务要求如下： 1. 按照规范要求取样； 2. 按照规范测定砂的表观密度； 3. 按照规范评定砂的表观密度； 4. 填写检测记录表； 5. 试验结果计算		
资讯问题	1. 材料表观密度测定的方法有哪些？ 2. 混凝土用砂按照技术要求主要分几种类别？ 3. 你知道净干砂吗？ 4. 混凝土用砂为什么需要进行坚固性检验？ 5. 你了解不同水温对砂表观密度的影响吗？		
资讯引导	查阅书籍和相关规范、标准，利用国家、省级、校内课程资源学习。 相关规范：《建设用砂》（GB/T 14684—2022）；《普通混凝土用砂、石质量及检验方法标准》（JGJ 52—2006）		
思政资源	 一粒小砂子的千里大秦路——大秦线上的"捅砂人"		

3.2.2 任务实施

实施单

任务 2	砂的表观密度检测（简易法）			学时	2
班级				组号	
实施方式	按最佳计划，各小组成员共同完成实施工作				
试验环境	温度		湿度	是否满足试验要求	是
					否
试验方法					
试验设备					
试验步骤					
试验结果与分析	序号	水的原有体积/mL	试样质量 m_1/g	装入试样后的体积/mL	表观密度 ρ/（kg/m³）	表观密度平均值 $\bar{\rho}$/（kg/m³）
	试验结果分析					
组长签字			教师签字		日期： 年 月 日	

3.2.3 评价反馈

教学反馈单

任务 2	砂的表观密度检测（简易法）		学时	2
班级		学号	姓名	
调查方式	对学生知识掌握、能力培养的程度，学习与工作的方法及环境进行调查			

序号	调查内容	是	否
1	你清楚细集料常见的取样方法吗？		
2	你知道细集料表观密度试验取样数量的具体要求吗？		
3	你能列出表观密度测定的设备清单吗？		
4	你学会细集料表观密度测定方法了吗？		
5	你了解细集料表观密度测定标准法和简易法的具体要求吗？		
6	你对本任务的教学方式满意吗？		
7	你对本小组的学习和工作满意吗？		
8	你对教学环境适应吗？		
9	你有规范计算取值的意识吗？		

其他改进教学的建议：

本调查人签名		调查时间	年 月 日

3.2.4 任务拓展

能力提升单

任务 2	砂的表观密度检测（简易法）		学时	2
班级		学号	姓名	
巩固强化练习	 线上答题练习			
拓展任务	工程案例： 　陕西职业技术学院建筑工程学院实训中心——土木工程材料与检测实训室扩建项目，新到一批砂子，现场拌制混凝土需检测组成材料砂子的相关技术性能。根据相关标准和规范进行检测，要求工作过程符合7S管理规范，检测过程严格按照混凝土用砂质量及检验方法标准进行。 任务发布： 　请各小组同学根据给定资料，在充分调研原材料情况的前提下，完成该工程所用砂子的表观密度试验（简易法），并提交结果			
工作过程				
组长签字		老师签字	日期： 年 月 日	

任务 3.3　砂的堆积密度和紧密密度检测

3.3.1　任务描述

任务单

任务 3	砂的堆积密度和紧密密度检测	学时	2
学习目标	1. 掌握砂的堆积密度的含义； 2. 掌握《普通混凝土用砂、石质量及检验方法标准》（JGJ 52—2006）进行砂的堆积密度和紧实密度测定的试验步骤； 3. 能够根据工程需求独立完成砂的堆积密度和紧密密度测定； 4. 会制订小组任务实施计划，组织实施后形成评价反馈； 5. 能够科学严谨地分析问题、解决问题		
任务描述	根据项目实际，对施工现场的建设用砂，按照规范要求进行砂的堆积密度和紧密密度检测。具体任务要求如下： 1. 按照规范和施工要求进行砂的堆积密度和紧密密度检测； 2. 根据任务制订本小组工作计划； 3. 按照要求完成材料检测记录表		
资讯问题	1. 什么是堆积密度、空隙率？ 2. 材料的孔隙分为哪两类？ 3. 空隙率和填充率之间的关系是什么？ 4. 材料的孔隙会不会影响空隙率？		
资讯引导	查阅书籍和相关规范、标准，利用国家、省级、校内课程资源学习。 相关规范：《建设用砂》（GB/T 14684—2022）；《普通混凝土用砂、石质量及检验方法标准》（JGJ 52—2006）		
思政资源	 解困"砂荒"		

3.3.2 任务实施

实施单

任务 3	砂的堆积密度和紧密密度检测			学时	2
班级				组号	
实施方式	按最佳计划，各小组成员共同完成实施工作				
试验环境	温度		湿度		是否满足试验要求 |是 否
试验方法					
试验设备					
试验步骤					

试验结果与分析	5.00 mm 筛上质量/g			5.00 mm 筛余百分率/%		
	序号	容量筒容积 V/L	容量筒质量 m_1/kg	容量筒+砂质量 m_2/kg	砂质量 m/kg	堆积密度/（kg/m³）	平均值/（kg/m³）
	试验结果分析						

组长签字		教师签字		日期：　年　月　日

3.3.3 评价反馈

教学反馈单

任务3	砂的堆积密度和紧密密度检测		学时	2
班级		学号	姓名	
调查方式	对学生知识掌握、能力培养的程度，学习与工作的方法及环境进行调查			

序号	调查内容	是	否
1	你清楚砂的堆积密度和紧密密度吗？		
2	你知道空隙率和堆积密度的关系吗？		
3	你会规范取样吗？		
4	你了解检测数据的修约规则吗？		
5	你知道空隙率对材料性质的影响吗？		
6	你对本任务的教学方式满意吗？		
7	你对本小组的学习和工作满意吗？		
8	你对教学环境适应吗？		
9	你有规范计算取值的意识吗？		

其他改进教学的建议：

本调查人签名		调查时间	年 月 日

3.3.4　任务拓展

能力提升单

任务 3	砂的堆积密度和紧密密度检测		学时	2
班级	.	学号	姓名	
巩固强化练习	线上答题练习			
拓展任务	工程案例： 　陕西职业技术学院建筑工程学院实训中心——土木工程材料与检测实训室扩建项目，新到一批砂子，现场拌制混凝土需检测组成材料砂子的相关技术性能。根据相关标准和规范进行检测，要求工作过程符合 7S 管理规范，检测过程严格按照混凝土用砂质量及检验方法标准进行。 　任务发布： 　请各小组同学根据给定资料，在充分调研原材料情况的前提下，完成该工程所用砂子的堆积密度和紧密密度检测，并提交结果			
工作过程				
组长签字		老师签字	日期：　年　月　日	

任务 3.4　砂的颗粒级配检测

3.4.1　任务描述

任务单

任务 4	砂的颗粒级配检测	学时	4
学习目标	1. 掌握砂的级配含义； 2. 掌握《普通混凝土用砂、石质量及检验方法标准》（JGJ 52—2006）进行砂的颗粒级配检测的试验步骤； 3. 能够根据工程需求独立完成砂的颗粒级配检测； 4. 会制订小组任务实施计划，组织实施后形成评价反馈； 5. 能够科学严谨地分析问题、解决问题		
任务描述	根据项目实际，对施工现场的建设用砂，按照规范要求进行砂的颗粒级配检测。具体任务要求如下： 1. 按照规范和施工要求进行砂的颗粒级配检测； 2. 根据任务制订本小组工作计划； 3. 按照要求完成材料检测记录表		
资讯问题	1. 什么是砂的颗粒级配？砂的粗细程度用什么指标表示？		
	2. 粗砂和细砂的总表面积有什么不同？		
	3. 和易性一定时，采用粗砂制备的混凝土更节约水泥吗？		
	4. 根据 0.6 mm 筛的累计筛余百分率，可将砂子分为几个级配区？		
资讯引导	查阅书籍和相关规范、标准，利用国家、省级、校内课程资源学习。 相关规范：《建设用砂》（GB/T 14684—2022）；《普通混凝土用砂、石质量及检验方法标准》（JGJ 52—2006）		
思政资源	整治滥采盗采，拓展供砂渠道，科学采砂保护长江		

3.4.2 任务实施

实施单

任务4	砂的颗粒级配检测		学时	4
班级			组号	
实施方式	按最佳计划，各小组成员共同完成实施工作			
试验环境	温度		湿度	是否 满足 试验 要求
				是 否
试验方法				
试验设备				
试验步骤				
组长签字		教师签字		日期：　年　月　日

砂的颗粒级配试验记录表

学号：   年   月   日

试验环境	温度/℃		湿度/%		
试验规程					
仪器检查					
样品描述					
目测细度模数					

取样/g	9.5 mm筛上质量/g		9.5 mm筛余百分率/%	
Ⅰ试样质量/g	质量损失率/%	Ⅱ试样质量/g	质量损失率/%	

筛孔尺寸/mm	筛余质量/g		分计筛余百分率/%		累计筛余百分率/%		
	Ⅰ	Ⅱ	Ⅰ	Ⅱ	Ⅰ	Ⅱ	平均值
4.75							
2.36							
1.18							
0.60							
0.30							
0.15							
筛底							

细度模数	Ⅰ	Ⅱ	平均值
细度模数计算区			

是否满足试验要求	是	否

级配曲线贴图区

结论：

3.4.3 评价反馈

教学反馈单

任务4		砂的颗粒级配检测		学时		4	
班级		学号		姓名			
调查方式		对学生知识掌握、能力培养的程度，学习与工作的方法及环境进行调查					
序号		调查内容				是	否
1		你清楚砂的粗细程度对拌合物用水量、水泥用量的影响吗？					
2		你知道不同粒径砂之间空隙率是否相同吗？					
3		你会规范取样和制样吗？					
4		你了解检测数据的修约规则吗？					
5		你知道不同区砂对混凝土拌合物黏聚性、和易性的影响吗？					
6		你对本任务的教学方式满意吗？					
7		你对本小组的学习和工作满意吗？					
8		你对教学环境适应吗？					
9		你有规范计算取值的意识吗？					
其他改进教学的建议：							
本调查人签名			调查时间			年　月　日	

3.4.4　任务拓展

能力提升单

任务 4	砂的颗粒级配检测		学时	4
班级		学号	姓名	
巩固强化练习	 线上答题练习			
拓展任务	工程案例： 　　陕西职业技术学院建筑工程学院实训中心——土木工程材料与检测实训室扩建项目，新到一批砂子，现场拌制混凝土需检测组成材料砂子的相关技术性能。根据相关标准和规范进行检测，要求工作过程符合7S管理规范，检测过程严格按照混凝土用砂质量及检验方法标准进行。 　　任务发布： 　　请各小组同学根据给定资料，在充分调研原材料情况的前提下，完成该工程所用砂子的颗粒级配检测，并提交结果			
工作过程				
组长签字		老师签字		日期：　年　月　日

任务 3.5 砂的含泥量检测

3.5.1 任务描述

任务单

任务 5	砂的含泥量检测	学时	2
学习目标	1. 掌握砂的含泥量、泥块含量的含义； 2. 掌握《普通混凝土用砂、石质量及检验方法标准》（JGJ 52—2006）进行砂的含泥量检测的试验步骤； 3. 能够根据工程需求独立完成砂的含泥量检测； 4. 会制订小组任务实施计划，组织实施后形成评价反馈； 5. 能够科学严谨地分析问题、解决问题		
任务描述	根据项目实际，对施工现场的建设用砂，请按照规范要求进行砂的含泥量检测。具体任务要求如下： 1. 按照规范和施工要求进行砂的含泥量检测； 2. 根据任务制订本小组工作计划； 3. 按照要求完成材料检测记录表		
资讯问题	1. 什么是砂的含泥量和泥块含量？ 2. 含泥量对混凝土流动性的影响有哪些？ 3. 流动性相同时，含泥量对混凝土的强度和耐久性有什么影响？ 4. 砂中泥块含量对混凝土的质量有什么影响？		
资讯引导	查阅书籍和相关规范、标准，利用国家、省级、校内课程资源学习。 相关规范：《建设用砂》（GB/T 14684—2022）；《普通混凝土用砂、石质量及检验方法标准》（JGJ 52—2006）		
思政资源	 砂子含泥量、含粉量高是什么原因？怎么解决？		

3.5.2 任务实施

实施单

任务 5	砂的含泥量检测				学时	2
班级					组号	
实施方式	按最佳计划，各小组成员共同完成实施工作					
试验环境	温度		湿度		是否满足试验要求	是
						否
试验方法						
试验设备						
试验步骤						

试验结果与分析	9.5 mm 筛上质量/g		9.5 mm 筛余百分率/%		
	序号	试验前的烘干试样质量/g	试验后的烘干试样质量/g	含泥量单值/%	含泥量测定值/%
	试验结果分析				

组长签字		教师签字		日期： 年 月 日

3.5.3 评价反馈

教学反馈单

任务 5		砂的含泥量检测		学时		2	
班级		学号			姓名		
调查方式		对学生知识掌握、能力培养的程度，学习与工作的方法及环境进行调查					
序号		调查内容				是	否
1		你清楚砂的含泥量和泥块含量的区别吗？					
2		你知道含泥量对混凝土拌合物质量的影响吗？					
3		你会规范进行试验操作吗？					
4		你了解检测数据的修约规则吗？					
5		你知道泥块含量对混凝土拌合物质量的影响吗？					
6		你对本任务的教学方式满意吗？					
7		你对本小组的学习和工作满意吗？					
8		你对教学环境适应吗？					
9		你有规范计算取值的意识吗？					
其他改进教学的建议：							
本调查人签名			调查时间			年　月　日	

3.5.4　任务拓展

能力提升单

任务 5	砂的含泥量检测		学时	2
班级		学号	姓名	
巩固强化练习	 线上答题练习			
拓展任务	工程案例： 　陕西职业技术学院建筑工程学院实训中心——土木工程材料与检测实训室扩建项目，新到一批砂子，现场拌制混凝土需检测组成材料砂子的相关技术性能。根据相关标准和规范进行检测，要求工作过程符合 7S 管理规范，检测过程严格按照混凝土用砂的含泥量检测要求进行。 任务发布： 　请各小组同学根据给定资料，在充分调研原材料情况的前提下，完成该工程所用砂子的含泥量检测，并提交结果			
工作过程				
组长签字		老师签字		日期：　年　月　日

任务 3.6　砂的含水率检测

3.6.1　任务描述

任务单

任务 6	砂的含水率检测	学时	2
学习目标	1. 掌握含水量的含义； 2. 掌握《普通混凝土用砂、石质量及检验方法标准》（JGJ 52—2006）进行砂的含水量检测的试验步骤； 3. 能够根据工程需求独立完成砂的含水率检测； 4. 会制订小组任务实施计划，组织实施后形成评价反馈； 5. 能够科学严谨地分析问题、解决问题		
任务描述	根据项目实际，对施工现场的建设用砂，按照规范要求进行砂的含水率检测。 具体任务要求如下： 1. 按照规范和施工要求进行砂的含水率检测； 2. 根据任务制订本小组工作计划； 3. 按照要求完成材料检测记录表		
资讯问题	1. 什么是含水率和平衡含水率？		
	2. 砂在混凝土拌合物中的主要作用是什么？		
	3. 材料的含水率会随着空气湿度的大小而变化吗？		
	4. 亲水性材料的含水状态有哪些？		
资讯引导	查阅书籍和相关规范、标准，利用国家、省级、校内课程资源学习。 相关规范：《建设用砂》（GB/T 14684—2022）；《普通混凝土用砂、石质量及检验方法标准》（JGJ 52—2006）		
思政资源	 9点说透砂石含水率		

3.6.2 任务实施

实施单

任务6		砂的含水率检测		学时	2
班级				组号	
实施方式		按最佳计划，各小组成员共同完成实施工作			

试验环境	温度		湿度		是否满足试验要求	是
						否

试验方法	
试验设备	
试验步骤	

试验结果与分析	9.5 mm 筛上质量/g		9.5 mm 筛余百分率/%		
	序号	试样自然潮湿质量/g	试样干燥质量/g	含水率单值/%	含水率测定值/%
	试验结果分析				

组长签字		教师签字		日期： 年 月 日	

3.6.3 评价反馈

教学反馈单

任务6	砂的含水率检测		学时	2
班级		学号	姓名	
调查方式	对学生知识掌握、能力培养的程度，学习与工作的方法及环境进行调查			

序号	调查内容	是	否
1	你清楚砂的含水率的含义吗？		
2	砂的含水率对混凝土拌合物质量有影响吗？		
3	你会规范进行试验操作吗？		
4	你了解检测数据的修约规则吗？		
5	砂的含水率对混凝土拌合物加水量有影响吗？		
6	你对本任务的教学方式满意吗？		
7	你对本小组的学习和工作满意吗？		
8	你对教学环境适应吗？		
9	你有规范计算取值的意识吗？		

其他改进教学的建议：

本调查人签名		调查时间	年　月　日

3.6.4 任务拓展

能力提升单

任务 6	砂的含水率检测		学时	2
班级		学号	姓名	
巩固强化练习	线上答题练习			
拓展任务	**工程案例:** 陕西职业技术学院建筑工程学院实训中心——土木工程材料与检测实训室扩建项目,新到一批砂子,现场拌制混凝土需检测组成材料砂子的相关技术性能。根据相关标准和规范进行检测,要求工作过程符合7S管理规范,检测过程严格按照混凝土用砂的含水率检测要求进行。 **任务发布:** 请各小组同学根据给定资料,在充分调研原材料情况的前提下,完成该工程所用砂子的含水率检测,并提交结果			
工作过程				
组长签字		老师签字	日期: 年 月 日	

任务 3.1～3.6　相关知识

一、材料的物理性质

（一）材料的结构状态参数

1. 三种密度

材料个体的结构包括材料的实体、闭口孔隙和开口孔隙，其基本结构如图 3-1 所示。在建筑工程中，计算材料的自重、构件的自重、配料以及确定堆放空间时，经常要用到材料的密度、表观密度和堆积密度等参数。所以，作为工程人员，掌握三种密度的含义及其相关计算是必不可少的。

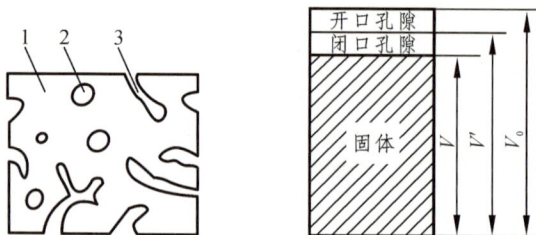

1—实体；2—闭口孔隙；3—开口孔隙；
V—实体体积；V'—实体体积＋闭口孔隙体积；
V_0—实体体积＋闭口孔隙体积＋开口孔隙体积。

图 3-1　材料孔（空）隙及体积示意图

（1）密度。密度是指材料在绝对密实状态下单位体积的质量。用下式表示：

$$\rho = \frac{m}{V}$$

式中　ρ——材料的密度，g/cm^3 或 kg/m^3；

　　　m——材料在干燥状态下的质量，g 或 kg；

　　　V——材料在绝对密实状态下的体积，cm^3 或 m^3。

材料在绝对密实状态下的体积是指不包括材料内部孔隙在内的固体物质的体积，不同材料可采用不同的方法测试其密度。如钢材、玻璃、铸铁等接近于绝对密实的材料，可用排液法；含有一定孔隙的材料，可把材料磨成细粉，然后用排液法；粉末状材料，直接用排液法。在测量某些较致密且不规则的散粒状材料（如砂、石等）密度时，可直接用排液法测其绝对体积的近似值，这时所测得的密度是近似密度。

（2）表观密度。表观密度是指材料在自然状态下单位体积的质量。用下式表示：

$$\rho_0 = \frac{m}{V_0}$$

式中　ρ_0——材料的表观密度，g/cm^3 或 kg/m^3；

　　　m——材料的质量，g 或 kg；

　　　V_0——材料在自然状态下的体积（或称表观体积），cm^3 或 m^3。

材料在自然状态下的体积，包含材料内部孔隙（开口孔隙和封闭孔隙）在内，可直接用排液法求得（按材料的外形计算或蜡封材料表面用排液法测体积）。材料的表观密度与材料的含水状态有关，因此在提供材料表观密度的同时，应提供材料的含水率。若无特别说明，常指气干状态下的表观密度。

（3）堆积密度。堆积密度是指散粒材料（粉状、粒状或纤维状）在自然状态下单位体积的质量。用下式表示：

$$\rho_0' = \frac{m}{V_0'}$$

式中　ρ_0'——散粒材料的堆积密度，g/cm^3 或 kg/m^3；

　　　　V_0'——散粒材料的松散体积，cm^3 或 m^3；

　　　　m——材料的质量，g 或 kg。

散粒材料在自然状态下的体积包括同体颗粒体积、颗粒内部孔原体积和颗粒之间的空隙体积，测定散粒材料的堆积密度时，材料的质量是指填充在容器（容积一定）内的材料的质量，其堆积体积是指所用容器的容积。

2. 材料的密实度与孔隙率

（1）密实度，即材料密实体积与体积之比，密实度反映了材料的致密程度，常以 D 表示。

$$D = \frac{V}{V_0} \times 100\%$$

或　　　　　　　　$$D = \frac{\rho_0}{\rho} \times 100\%$$

对于绝对密实材料，密实度 $D = 1$ 或 100%。对于大多数建筑材料，内部都含有孔隙，所以其密实度均小于 1。

（2）孔隙率。孔隙率是指材料内部孔隙体积占材料总体积的百分率，常以 P 表示。

$$P = \frac{V_\text{孔}}{V_0} \times 100\%$$

$$P = \frac{V_0 - V}{V_0} \times 100\% = \left(1 - \frac{V}{V_0}\right) \times 100\% = \left(1 - \frac{\rho_0}{\rho}\right) \times 100\% = 1 - D$$

由此可知 $P + D = 1$。

上式表明，材料的总体积是由材料绝对密实体积和孔隙体积构成，材料的孔隙率是反映材料孔隙状态的重要指标，与材料的各项物理、力学性能有密切关系。

3. 材料的填充率与空隙率

（1）填充率。填充率是指散粒材料在某容器的堆积体积中，被其颗粒填充的程度，用 D' 表示。

$$D' = \frac{V_0}{V_0'} \times 100\% = \frac{\rho_0'}{\rho_0} \times 100\%$$

（2）空隙率。空隙率是指散粒材料在某容器的堆积体积中，颗粒之间的空隙体积占堆积体积的百分率，用 P' 表示。

$$P' = \frac{V_0' - V_0}{V_0'} \times 100\% = \left(1 - \frac{\rho_0'}{\rho_0}\right) \times 100\% = 1 - D'$$

$$P' + D' = 1$$

空隙率表示散粒材料颗粒之间相互填充的致密程度。对于混凝土的粗、细骨料，空隙率越小，颗粒大小搭配越合理，配制的混凝土越密实，越节约水泥，强度也越高。

（二）材料与水有关的性能

1. 亲水性与憎水性

材料在空气中与水接触，根据其能否被水润湿，分为亲水性材料和憎水性材料。在材料、空气、水三相交界处，沿水滴表面作切线，切线与材料表面（水滴一侧）所得夹角 θ，称为润湿角。θ 越小，浸润性越强，当 θ 为 0 时，表示材料完全被水润湿。一般认为，当 $\theta < 90°$ 时，水分子之间的内聚力小于水分子与材料分子之间的吸引力，此种材料称为亲水性材料。当 $\theta > 90°$ 时，水分子之间的内聚力大于水分子与材料分子之间的吸引力，材料表面不易被水润湿，此种材料称为憎水性材料，如图 3-2 所示。

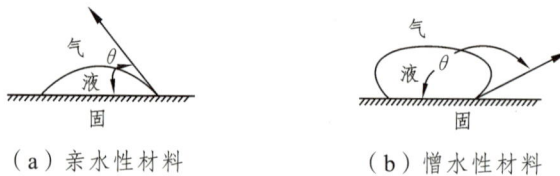

（a）亲水性材料 　　　　　　　（b）憎水性材料

图 3-2　材料润湿示意图

混凝土、砖石、木材等大多数建筑材料属于亲水性材料，其表面均能被水润湿，且能通过毛细管作用将水吸入材料的毛细管内部。沥青、石蜡等少数材料属于憎水性材料，其表面不能被水润湿。

2. 吸湿性和吸水性

（1）吸湿性。

材料在潮湿空气中吸收空气中水分的性质称为吸湿性。吸湿性的大小用含水率表示。材料孔隙中含有一部分水时，则这部分水的质量占干燥材料质量的百分数，称为材料的含水率，用 $W_{含}$ 表示。

$$W_{含} = \frac{m_{含} - m_{干}}{m_{干}} \times 100\%$$

式中　$W_{含}$——材料的含水率（%）；

　　　$m_{含}$——材料含水时的质量（g）；

　　　$m_{干}$——材料完全干燥状态时的质量（g）。

（2）吸水性。

吸水性是指材料在水中吸收水分达到饱和的能力，用吸水率表示其大小，有质量吸水率和体积吸水率两种表达方式。

质量吸水率是指材料吸水饱和时，所吸收水分的质量与材料干燥质量的百分比。

$$W_{质} = \frac{m_{饱} - m_{干}}{m_{干}} \times 100\%$$

式中　$W_{质}$——材料的质量吸水率（%）；

　　　$m_{干}$——材料在干燥状态下的质量（g）；

　　　$m_{饱}$——材料在吸水饱和状态下的质量（g）。

体积吸水率是指材料吸水饱和时，所吸收水分的体积与干燥材料自然体积的百分比（对于多孔材料常用体积吸水率表示），用下式表示：

$$W_{体} = \frac{m_{饱} - m_{干}}{V_0} \times \frac{1}{\rho_w} \times 100\%$$

式中　$W_{体}$——材料的体积吸水率（%）；

　　　ρ_w——水的密度（g/cm^3）；

　　　V_0——干燥材料在自然状态下的体积（cm^3）。

质量吸水率与体积吸水率存在如下关系：

$$W_{体} = W_{质} \times \frac{\rho_0}{\rho_w} \times 100\%$$

式中　ρ_0——材料在干燥状态下的表观密度（g/cm^3）。

材料的吸水性与材料的孔隙率和孔隙特征有关。对于细微连通孔隙，孔隙率越大，则吸水率越大，闭口孔隙水分不能进去，而开口大孔虽然水分易进入，但不能存留，只能润湿孔壁，吸水率仍然较小，故材料的体积吸水率常小于孔隙率，这类材料常用质量吸水率表示它的吸水性。而对于某些轻质材料，如加气混凝土、软木等，由于具有很多开口且有微小的孔隙，所以它的质量吸水率往往超过100%，即湿质量为干质量的几倍，在这种情况下，最好用体积吸水率表示其吸水性。各种材料的吸水率差异很大，如花岗石的吸水率只有 0.5%～0.7%，混凝土的吸水率为 2%～3%，黏土砖的吸水率达 8%～20%，而木材的吸水率可超过100%。

二、细集料

粒径为 0.16～5.0 mm 的骨料称为细骨料（砂）（即细集料）。砂按产源分为天然砂和机制砂两类，如图 3-3 所示，一般采用天然砂，它是岩石风化后所形成的大小不等、由不同矿物散粒组成的混合物。

图 3-3 细集料（砂）

混凝土用砂的技术标准有《建设用砂》（GB/T 14684—2022）和《普通混凝土用砂、石质量及检验方法标准》（JGJ 52—2006）。下面结合这两个标准介绍混凝土用砂的技术要求。

（一）砂的种类及特性

天然砂又可分为河砂、海砂和山砂。河砂颗粒圆滑，比较洁净，来源广；山砂与河砂相比有棱角，表面粗糙，但含泥量和含有机杂质较多；海砂虽然有河砂的优点，但常混有贝壳碎片和含较多盐分。一般工程上多使用河砂，如使用山砂和海砂应按照技术要求进行检验。砂按技术要求分为 I 类、II 类、III 类三种类别。

（二）混凝土用砂的技术要求

1. 砂的颗粒级配及粗细程度

在一定的质量或体积下，粗砂的总表面积较小，细砂的总表面积较大，即粒径越小，总表面积越大。在混凝土中，砂的表面需要水泥浆包裹，砂的总表面积越大，需要包裹砂粒的水泥浆越多。因此，为了节约水泥，在砂子用量一定的情况下，最好是采用空隙率较小而总表面积也较小的砂。空隙率的大小与颗粒级配有关，而总表面积的大小，又与颗粒的粗细程度有关。

砂的颗粒级配是指不同粒径的砂粒的搭配比例。良好的级配是指粗颗粒的空隙恰好由中颗粒填充，中颗粒的空隙恰好由细颗粒填充，如此逐级填充，如图 3-4 所示，最好可以使得余留下来的砂总空隙率达到尽可能的小，使砂形成最致密的堆积状态，堆积密度达最大值。这样可以节约水泥，有助于提高混凝土的强度和耐久性。因此，砂的颗粒级配反映空隙率大小。

砂的粗细程度是指不同粒径的砂粒混合在一起时的总体粗细程度,通常用细度模数(M_x)表示,其值并不等于平均粒径,但能较准确反映砂的粗细程度。根据总体粗细程度的不同,可以把砂子分为粗砂、中砂和细砂。砂中如果粗粒砂过多,而中、小颗粒砂又搭配得不好,则砂的空隙率必然会变大。同时砂过粗,容易使新拌混凝土产生离析、泌水现象,影响混凝土的和易性。因此,砂的粗细程度必须结合级配来考虑,用于拌制混凝土的砂不宜过细也不宜过粗。

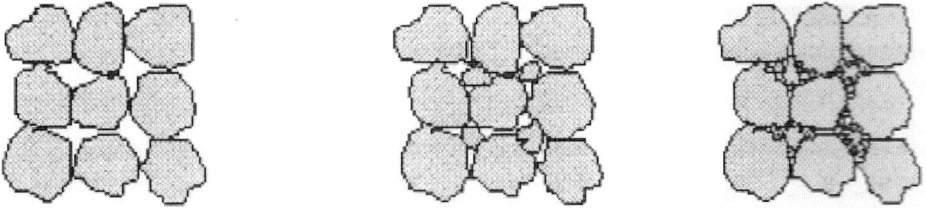

图 3-4 砂颗粒级配示意图

细度模数和颗粒级配的测定:砂的粗细程度和颗粒级配用筛分析方法测定,用细度模数(M_x)表示粗细,用级配区表示砂的级配,细度模数 M_x 越大,表示砂越粗,单位质量总表面积(或比表面积)越小;M_x 越小,则砂的比表面积越大。

筛分析用一套方孔孔径为 9.50 mm、4.75 mm、2.36 mm、1.18 mm、0.6 mm、0.3 mm、0.15 mm 的七个标准筛,试验前筛除大于 9.50 mm 的颗粒,并计算出其筛余百分率。将 500 g 干砂试样由粗到细依次过筛,然后称量余留在各筛上的砂量,并计算出各筛上的分计筛余百分率(各筛上的筛余量占砂总量的百分率)a_1、a_2、a_3、a_4、a_5、a_6 及累计筛余百分率(各筛和比该筛粗的所有分计筛余百分率之和)A_1、A_2、A_3、A_4、A_5、A_6。

细度模数根据下式计算(精确至 0.01):

$$M_x = \frac{(A_2 + A_3 + A_4 + A_5 + A_6) - 5A_1}{100 - A_1}$$

根据标准规定,细度模数 M_x = 3.1 ~ 3.7 为粗砂,M_x = 2.3 ~ 3.0 为中砂,M_x = 1.6 ~ 2.2 为细砂。普通混凝土用砂的细度模数范围一般为 M_x = 1.6 ~ 3.7,以其中的中砂为适宜。评定砂子是否适合配制混凝土,除粗细程度外,还应评定其颗粒级配。

砂的颗粒级配用级配区表示,按标准规定,根据 0.60 mm 筛孔对应的累计筛余百分率分成 1 区、2 区和 3 区三个级配区(0.60 mm 为控制粒径,它使任一砂样只能处于某一级配区内,不会同时属于两个级配区),各区的级配范围见表 3-1。混凝土用砂的颗粒级配,应处于表 3-1 中任何一个级配区内。同时,对不同技术类别,砂的级配类别也应符合表 3-1 的要求。实际使用的砂颗粒级配可能不完全符合要求,除了 4.75 mm 和 0.60 mm 对应的累计筛余率外,可以略有超出,但超出总量应小于 5%。当某一筛区累计筛余率超界 5%以上时,说明砂级配很差,视作不合格。

表 3-1　砂的颗粒级配区范围（GB/T 14684—2011）

砂的分类	天然砂			机制砂		
级配区	1 区	2 区	3 区	1 区	2 区	3 区
筛孔尺寸/mm	累计筛余/%					
4.75	10～0	10～0	10～0	10～0	10～0	10～0
2.36	35～5	25～0	15～0	35～5	25～0	15～0
1.18	65～35	50～10	25～0	65～35	50～10	25～0
0.60	85～71	70～41	40～16	85～71	70～41	40～16
0.30	95～80	92～70	85～55	95～80	92～70	85～55
0.15	100～90	100～90	100～90	97～85	94～80	94～75

为了评定砂的实际颗粒级配，通过筛分析得到的各筛上的累计筛余百分率，绘成砂子的 1、2、3 三个区的级配曲线，以累计筛余百分率作为纵坐标，筛孔尺寸作为横坐标，如图 3-5 所示，在筛分曲线上可以直观地分析砂的颗粒级配优劣。

级配曲线符合 2 区的砂，粗细程度适中、级配最好；1 区砂粗粒较多，易泌水，不易密实成型，宜配制水泥用量较多或流动性较小的混凝土；3 区砂颗粒偏细，用它配制普通混凝土，混凝土拌合物黏性大、保水性较好、容易插捣，但干缩性较大，表面容易产生微裂纹。

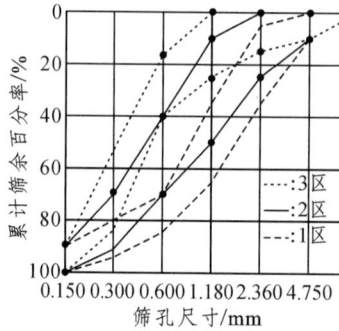

图 3-5　砂的级配区曲线

砂的级配类别应符合表 3-2 的规定。

表 3-2　砂的级配类别

类别	Ⅰ 类	Ⅱ 类	Ⅲ 类
级配区	2 区	1、2、3 区	

2. 有害杂质含量

（1）黏土和云母。它们黏附于砂表面或夹杂于其中，会严重降低水泥与砂的黏结强度，从而降低混凝土的强度、抗渗性和抗冻性，增大混凝土的收缩。

（2）有机质、硫化物、硫酸盐、氯盐、轻物质及活性二氧化硅等。有机质、硫化物、硫酸盐等对水泥有腐蚀作用，降低混凝土的强度及耐久性；氯盐对钢筋有锈蚀作用；活性二氧化硅易引起碱-集料反应，造成混凝土膨胀开裂。重要工程的混凝土所使用的砂，应用化学法和砂浆长度法进行集料的碱活性检验。

此外，砂子中还不应混有草根、树叶、树枝、塑料、煤块、炉渣等杂物，因此对有害杂质含量必须加以限制。《建设用砂》（GB/T 14684—2022）对有害物质含量的限值见表 3-3。

表 3-3　砂中有害物质含量限值（GB/T 14684—2022）

项　目	Ⅰ 类	Ⅱ 类	Ⅲ 类
云母含量（按质量计）/%	<1.0	<2.0	<2.0
硫化物与硫酸盐含量（按 SO_3 质量计）/%	<0.5	<0.5	<0.5
有机物含量（用比色法试验）	合格	合格	合格
轻物质	<1.0	<1.0	<1.0
氯化物含量（以 NaCl 质量计）/%	<0.01	<0.02	<0.06
含泥量（按质量计）/%	<1.0	<3.0	<5.0
黏土块含量（按质量计）/%	<0	<1.0	<2.0

由于氯离子对钢筋有严重的腐蚀作用，当采用海砂配制钢筋混凝土时，海砂中氯离子含量要求小于 0.06%（以干砂重计）；对预应力混凝土不宜采用海砂，若必须使用海砂时，需经淡水冲洗至氯离子含量小于 0.02%。用海砂配制素混凝土，氯离子含量不予限制。

3. 坚固性

骨料是由天然岩石经自然风化作用而成，机制骨料也会含大量风化岩体，在冻融或干湿循环作用下有可能继续风化，因此对某些重要工程或特殊环境下工作的混凝土用骨料，应做坚固性检验。如严寒地区室外工程中，处于湿潮或干湿交替状态下的混凝土，有腐蚀介质存在或处于水位升降区的混凝土等。坚固性根据 GB/T 14684 的规定，采用硫酸钠溶液浸泡→烘干→浸泡循环试验法检验。测定 5 个循环后的质量损失率，指标应符合表 3-4 的要求。

表 3-4　骨料的坚固性指标（GB/T 14684）

类　别	Ⅰ 类	Ⅱ 类	Ⅲ 类
质量损失/%	≤8	≤8	≤10

4. 砂的含水状态

砂的含水状态分为干燥状态、气干状态、饱和面干状态、湿润状态四种，如图 3-6 所示。干燥状态的砂粒内外不含任何水，通常在（105±5）℃ 条件下烘干而得；气干状态的砂粒是指室内或室外（天晴）空气平衡的含水状态，其含水量的大小与空气相对湿度和温度密切相关，砂粒表面干燥，内部孔隙中部分含水；饱和面干状态的砂粒表面干燥，内部孔隙全部吸水饱和。水利工程上通常采用饱和面干状态计量砂用量；湿润状态的砂粒内部吸水饱和，表面还含有部分表面水。施工现场，特别是雨后常出现此种状况，搅拌混凝土中计量砂用量时，要扣除砂中的含水量。同样，计量水用量时，要扣除砂中带入的水量。

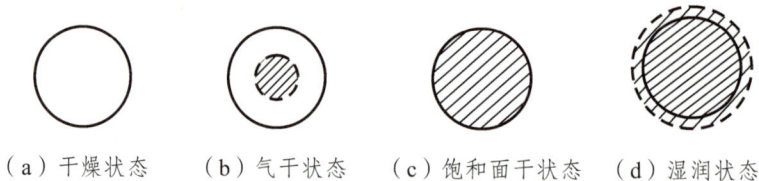

（a）干燥状态　　（b）气干状态　　（c）饱和面干状态　　（d）湿润状态

图 3-6　骨料含水状态示意图

（1）砂的含水率与其体积之间的关系。

砂的外观体积随着砂的湿度变化而变化。假定以干砂体积为标准，当砂的含水率为 5% ~ 7% 时，砂堆的体积最大；含水率再增加时，体积便开始逐渐减小，当含水率增到 17% 时，体积将缩至与干燥状态下相同；当砂完全被水浸泡之后，其密实度反而超过干砂，体积较原来干燥体积缩小，在设计混凝土和各种砂浆配合比时，均应以干燥状态下的砂为标准进行计算。

（2）天然砂、天然净砂、净干砂。

天然砂是指从砂坑开采的未经加工（过筛）而运至施工现场的砂，含有少量泥土、石子、杂质和水分。天然净砂是将天然砂过筛后，筛选掉石子、杂质的砂。天然净砂经过烘干后，称为净干砂。

（3）天然砂含水率与堆积密度的关系。

砂的体积随其含水率不同而发生变化导致砂堆积密度随含水率不同而变化。当天然砂的含水率为 1% ~ 5% 时，其堆积密度比干燥状态下的堆积密度逐渐减小。随着含水率增加到 6% ~ 7%，其堆积密度最小含水率再继续增加时，其堆积密度随之逐渐增加；当含水率增至 10% 左右时，其堆积密度最大。抹灰的水泥砂浆配合比为体积比，是指水泥与净干砂体积比，不得当作水泥与天然净砂的体积比。

5. 砂的掺配使用

配制普通混凝土的砂宜为中砂（M_x = 2.3 ~ 3.0），2 级区。但实际工程中往往出现砂偏细或偏粗的情况，通常有以下两种处理方法：

（1）当只有一种砂源时，对偏细砂适当减少砂用量，即降低砂率；对偏粗砂则适当增加砂用量，即增加砂率。

（2）当粗砂和细砂可同时提供时，宜将细砂和粗砂按一定比例掺配使用，这样既可调整 M_x，也可改善砂的级配，有利于节约水泥，提高混凝土性能。掺配比例可根据砂资源状况、粗细砂各自的细度模数及级配情况，通过试验和计算确定。

三、混凝土用砂质量检验

（一）砂的表观密度试验（标准法）

1. 试验准备

（1）试样准备。

将缩分后不少于 650 g 的样品装入浅盘，在温度为（105±5）℃的烘箱中烘干至恒重，并在干燥器内冷却至室温。

（2）设备准备。

① 电子天平——称量 1 000 g，感量 1 g，如图 3-7 所示。

② 容量瓶——容量 500 mL，如图 3-8 所示。

③ 烘箱——温度控制范围为（105±5）℃，如图 3-9 所示。

④ 干燥器、浅盘（见图 3-10）、铝制浅勺、温度计等。

图 3-7　电子天平

图 3-8　容量瓶

图 3-9　烘箱

图 3-10　浅盘

2. 试验步骤

（1）称取烘干的试样 300 g，装入盛有半瓶冷开水的容量瓶中。

（2）摇转容量瓶，使试样在水中充分搅动以排除气泡，塞紧瓶塞，静置 24 h；然后用滴管加水至瓶颈刻度线平齐，再塞紧瓶塞，擦干容量瓶外壁的水分，称其质量。

（3）倒出容量瓶中的水和试样，将瓶的内外壁洗净，再向瓶内加入与上一次水温相差不超过 2 ℃的冷开水至瓶颈刻度线。塞紧瓶塞，擦干容量瓶外壁水分，称质量。

3. 结果评定

表观密度（标准法）应按下式计算，精确至 10 kg/m³：

$$\rho = \left(\frac{m_0}{m_0 + m_1 + m_2} - \alpha_t \right) \times 1\,000$$

式中 ρ ——表观密度（kg/m³）；

m_0 ——烘干试样的质量（g）；

m_1 ——试样、水及容量瓶的总质量（g）；

m_2 ——水及容量瓶的总质量（g）；

α_t ——水温对表观密度影响的修正系数，见表 3-5。

表 3-5　不同水温对砂的表观密度影响的修正系数

水温/℃	15	16	17	18	19	20	21	22	23	24	25
α_t	0.002	0.003	0.003	0.004	0.004	0.005	0.005	0.006	0.006	0.007	0.008

以两次试验结果的算术平均值作为测定值。当两次结果之差大于 20 kg/m³ 时，应重新取样进行试验。

（二）砂的表观密度试验（简易法）

1. 试验准备

（1）试样准备。

将样品缩分至不少于 120 g，在（105±5）℃的烘箱中烘干至恒重，并在干燥器中冷却至室温，分成大致相等的两份备用。

（2）设备准备。

① 李氏瓶。李氏瓶由优质玻璃制成，透明无条纹，具有抗化学侵蚀性且热滞后性小，要有足够的厚度以确保良好的耐裂性。李氏瓶横截面形状为圆形。瓶颈刻度由 0～1 mL 和 18～24 mL 两段刻度组成，且 0～1 mL 和 18～24 mL 以 0.1 mL 为分度值，任何标明的容量误差都不大于 0.05 mL，如图 3-11 所示。

② 烘箱。温度控制范围为（105±5）℃，如图 3-12 所示。

图 3-11　李氏瓶　　　　　　　图 3-12　烘箱

③ 电子天平。量程不小于 1 000 g，分度值不大于 1 g，如图 3-13 所示。

图 3-13　电子天平

2. 试验步骤

（1）向李氏瓶中注入冷开水至一定刻度处，擦干瓶颈内部附着水，记录水体积（V_1）。

（2）称取烘干试样 50 g（m_0），徐徐加入盛水的李氏瓶中。

（3）试样全部倒入瓶中后，用瓶内的水将黏附在瓶颈和瓶壁的试样洗入水中，摇转李氏瓶以排除气泡，静置约 24 h 后，记录瓶中水面升高后的体积（V_2）。

3. 结果评定

表观密度（标准法）应按下式计算，精确至 10 kg/m³：

$$\rho = \left(\frac{m_0}{V_2 - V_1} - \alpha_t \right) \times 1\ 000$$

式中　ρ——表观密度（kg/m³）；

m_0——烘干试样的质量（g）；

V_2——水的原有体积（mL）；

V_1——倒入试样后的水和试样的体积（mL）；

α_t——水温对表观密度影响的修正系数，见表 3-5。

（三）砂的堆积密度和紧密密度试验

1. 试验准备

（1）试样准备。

先用公称直径 5.00 mm 的筛子过筛，然后取经缩分后的样品不少于 3 L，装入浅盘，在温度为（105±5）℃ 的烘箱中烘干至恒重，取出并冷却至室温，分成大致相等的两份备用。试样烘干后若有结块，应在试验前先捏碎。

（2）设备准备。

① 烘箱。能使温度控制在 105 ℃±5 ℃，如图 3-14 所示。

② 电子天平。称量 10 kg，感量 1 g，如图 3-15 所示。

③ 方孔筛。孔径为 4.75 mm 的筛一只，如图 3-16 所示。

④ 容量筒。圆柱形金属筒，内径 108 mm，净高 109 mm，壁厚 2 mm，筒底厚约 5 mm，容积为 1 L，如图 3-17 所示。

⑤ 垫棒。直径 10 mm、长 500 mm 的圆钢。

⑥ 漏斗或铝制料勺，如图 3-18 所示。

⑦ 直尺、搪瓷盘、毛刷等。

图 3-14　烘箱

图 3-15　电子天平

图 3-16　方孔筛

图 3-17　容量筒　　　　　　　图 3-18　漏斗

2. 试验步骤

（1）堆积密度。

取试样一份，用漏斗或料勺将它徐徐装入容量筒（漏斗出料口或料勺距容量筒筒口不应超过 50 mm）直至试样装满并超出容量筒筒口。然后用直尺将多余的试样沿筒口中心线向相反方向刮平，称其质量（m_2）。

（2）紧密密度。

取试样一份，分两层装入容量筒。装完一层后，在筒底放一根直径为 10 mm 的钢筋，将筒按住，左右交替颠击地面各 25 下，然后再装入第二层；第二层装满后用同样方法颠实（但筒底所垫钢筋的方向应与第一层放置方向垂直）；两层装完并颠实后，加料直至试样超出容量筒筒口，然后用直尺将多余的试样沿筒口中心线向相反方向刮平，称其质量（m_2）。

3. 结果评定

（1）堆积密度或紧密密度按下式计算，精确至 10 kg/m³：

$$\rho_L(\rho_c) = \frac{m_2 - m_1}{V} \times 1\,000$$

式中　$\rho_L(\rho_c)$——堆积密度（紧密密度），单位为千克每立方米（kg/m³）；

　　　m_2——容量筒和试样总质量，单位为克（g）；

　　　m_1——容量筒的质量，单位为克（g）；

　　　V——容量筒的容积，单位为升（L）。

以两次试验结果的算术平均值作为测定值。

（2）空隙率按下式计算，精确至1%：

$$v_{L}(v_{c}) = (1 - \frac{\rho_{L}(\rho_{c})}{\rho}) \times 100\%$$

式中　$v_{L}(v_{c})$——堆积密度（紧密密度）空隙率（%）；

　　　　$\rho_{L}(\rho_{c})$——堆积密度（紧密密度），单位为千克每立方米（kg/m^3）；

　　　　ρ——表观密度，单位为千克每立方米（kg/m^3）。

（四）砂的颗粒级配试验

1. 试验准备

（1）试样准备。

用于筛分析的试样，其颗粒的公称粒径不应小于10.0 mm。试验前应先将试样通过公称直径10.0 mm的方孔筛，并计算筛余。称取经缩分后样品不少于550 g两份，分别装入两个浅盘，在（105±5）℃的温度下烘干至恒重，冷却至室温备用。

（2）设备准备。

① 标准筛。孔径为9.5 mm、4.75 mm、2.36 mm、1.18 mm、0.6 mm、0.3 mm、0.15 mm的筛各一只，并附有筛底和筛盖，如图3-19所示。

② 烘箱。能使温度控制在（105±5）℃，如图3-20所示。

③ 摇筛机。如图3-21所示。

④ 电子天平。称量为1 000 g，感量1 g，如图3-22所示。

⑤ 浅盘（见图3-23）、毛刷、料铲若干。

图 3-19　标准筛

图 3-20　烘箱

图 3-21　摇筛机

图 3-22　电子天平

图 3-23　浅盘

2. 试验步骤

（1）准确称取烘干试样 500 g（特细砂可称 250 g），置于按筛孔大小排列（大孔在上，小孔在下）的套筛的最上一只筛（公称直径为 5.00 mm 的方孔筛）上；将套筛装入摇筛机内固紧，筛分 10 min（时间）；然后取出套筛，再按筛孔直径从大到小的顺序，在清洁的浅盘上逐一手筛，直至每分钟的筛出量不超过试样总质量的 0.1%时为止；通过的颗粒并入下一只筛子，并和下一只筛子中的试样一起进行手筛。按这样的顺序依次进行，直至所有的筛子全部筛完为止。

（2）称取各号筛子上筛余试样的质量（精确至 1 g）。所有各筛的分计筛余量和底盘中的剩余量之和与筛分前的试样总量相比，相差不得超过 1%。

3. 结果评定

（1）计算分计筛余（各筛上的筛余量除以试样总量的百分率），精确至 0.1%。

（2）计算累计筛余（该筛的分计筛余与筛孔大于该筛的各筛的分计筛余之和），精确至 0.1%。

（3）根据各筛两次试验累计筛余的平均值，评定该试样的颗粒级配分布情况，精确至 1%。

（4）砂的细度模数计算精确至 0.01。公式如下：

$$\mu_f = \frac{(\beta_2 + \beta_3 + \beta_4 + \beta_5 + \beta_6) - 5\beta_1}{100 - \beta_1}$$

式中　μ_f——砂的细度模数；

β_1、β_2、β_3、β_4、β_5、β_6——各级方孔筛的累计筛余。

（5）以两次试验结果的算术平均值作为测定值，精确至 0.1。当两次试验所得的细度模数之差大于 0.20 时，应重新取试样进行试验。

（五）砂的含泥量试验

1. 试验准备

（1）试样准备。

样品缩分至 1 100 g，置于温度（105±5）℃的烘箱中烘干至恒重，冷却至室温后，称取各为 400 g（m_0）的两份试样备用。

（2）设备准备。

① 电子天平。称量 1 000 g，感量 1 g，如图 3-24 所示。

② 烘箱。能使温度控制在 105 ℃±5 ℃，如图 3-25 所示。

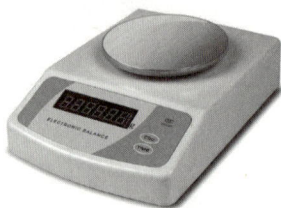

图 3-24　电子天平

图 3-25　烘箱

122

③ 试验筛。孔径 0.080 mm 及 1.25 mm 各一个，如图 3-26 所示。

④ 洗砂用的容器及烘干用的浅盘等，如图 3-27 所示。

图 3-26　试验筛

图 3-27　浅盘

2. 试验步骤

（1）取烘干的试样一份置于容器中，并注入饮用水，使水面高出砂面约 150 mm，充分搅拌均匀后浸泡 2 h，然后用手在水中淘洗试样，使尘屑、淤泥和黏土与砂粒分离，并使之悬浮或溶于水中。缓缓地将浑浊液倒入 1.25 mm 及 0.080 mm 的套筛（1.25 mm 筛放置上面）上，滤去小于 0.080 mm 的颗粒，试验前筛子的两面应先用水润湿，在整个试验过程中应注意避免砂粒丢失。

（2）再次加水于筒中，重复上述过程，直到筒内洗出的水清澈为止。

（3）用水冲洗剩留在筛上的细粒，将 0.080 mm 筛放在水中（使水面略高出筛中砂粒的上表面）来回摇动，以充分洗除小于 0.080 mm 的颗粒。然后将两只筛上剩留的颗粒和筒中已经洗净的试样一并装入浅盘，置于温度为（105±5）℃ 的烘箱中烘干至恒重。取出来冷却至室温后，称试样的质量（g）。

3. 结果评定

砂的含泥量 ω_c 按下式计算（精确至 0.1%）：

$$\omega_c = \frac{m_0 - m_1}{m_1} \times 100\%$$

式中　ω_c ——砂的含泥量（%）。

m_0 ——试验前的烘干试样质量（g）；

m_1 ——试验后的烘干试样质量（g）。

以两个试样试验结果的算术平均值作为测定值。两次结果的差值超过 0.2% 时，应重新取样进行试验。

（六）砂的含水率试验

1. 试验准备

（1）试样准备。

将自然潮湿状态下的试样用四分法缩分至约 1 100 g，拌匀后分为大致相等的两份密封备用。

（2）设备准备。

① 烘箱。最高温度 200 ℃，如图 3-28 所示。

② 电子天平。称量 1 000 g，感量 1 g，如图 3-29 所示。

③ 容器。如浅盘等，如图 3-30 所示。

图 3-28　烘箱　　　　　图 3-29　电子天平　　　　　图 3-30　浅盘

2. 试验步骤

从密封的样品中取质量各为 500 g 的试样两份，分别放入已知质量的干燥容器（m_1）中称重，记下每盘试样与容器的总质量（m_2）。将容器连同试样放入温度为（105 ± 5）℃的烘箱中烘干至恒重，称量烘干后的试样与容器的质量（m_3）。

3. 结果评定

砂的含水率计算，精确至 0.1%，公式如下：

$$\omega_{wc} = \frac{m_2 - m_3}{m_3 - m_1} \times 100\%$$

式中　　ω_{wc}——砂的含水率（%）；

　　　　m_1——容器质量（g）；

　　　　m_2——未烘干的试样与容器的总质量（g）；

　　　　m_3——已烘干的试样与容器的总质量（g）。

以两次试验结果的算术平均值作为测定值。

拓展知识

材料与水相关的几个性质

项目 4

粗集料的性质与检测

项目目标

知识目标：

1. 了解混凝土用石子的种类；
2. 熟悉混凝土用石子的质量要求；
3. 掌握石子技术性质的检测方法。

能力目标：

1. 能正确取样、使用仪器设备进行粗集料的性质检测；
2. 能按照施工和规范要求合理选用粗集料。

素质目标：

1. 培养沟通协调、团队合作的能力；
2. 培养吃苦耐劳、精细规范的品格；
3. 培养精益求精、严谨细致的职业精神。

项目任务

本项目选取的工程为西安某住宅小区项目，位于西安市未央区。项目共有六栋 15 层住宅、三栋 6 层住宅及若干商业用房，地下室一层；结构类型为框-剪结构，基础类型有独立基础和桩基础两种形式，结构设计使用年限 50 年；黄土地区建筑物分类、湿陷等级为 I 级轻微湿陷性，结构安全等级为二级，抗震设防烈度为 8 度，结构环境类别为一类和二 b 类；工程使用的主要结构材料有混凝土、钢筋、水泥砂浆、加气混凝土砌块等。

现该工程 3 号楼需要进行主体结构工程施工，需要现场拌制混凝土。请根据相关标准和规范进行混凝土组成材料石子的相关技术性能检测，填写检测记录表，为现场拌制混凝土提供相关参考数据。

任务 4.1　粗集料的性质与检测

4.1.1　任务描述

任务单

任务 1	粗集料的性质与检测	学时	2
学习目标	1. 了解石子的种类及特征； 2. 掌握混凝土用石子的技术要求； 3. 能够根据工程需求进行石子的人工掺配； 4. 会制订小组任务实施计划，组织实施后形成评价反馈； 5. 能够科学严谨地分析问题、解决问题		
任务描述	根据项目实际，请进行石子的堆积密度、含水率和颗粒级配试验，并合理判定石子是否满足技术要求。具体任务要求如下： 1. 按照规范和施工要求进行石子的堆积密度、含水率和颗粒级配检测； 2. 根据任务制本小组工作计划； 3. 按照要求完成材料检测记录表； 4. 合理选用混凝土拌合物的组成材料石子		
资讯问题	1. 什么是石子？石子常见的分类有哪些？各自的技术特征是什么？		
	2. 在进行石子技术性质检测时如何取样？		
	3. 石子的技术要求包含有哪些？		
	4. 石子在混凝土中的作用是什么？		
	5. 石子技术性质的检测方法是什么？		
资讯引导	查阅书籍和相关规范、标准，利用国家、省级、校内课程资源学习。 相关规范：《建设用卵石、碎石》（GB/T 14685—2022）；《普通混凝土用砂、石质量及检验方法标准》（JGJ 52—2006）		
思政资源	 智慧创造雪域高原的"拉洛奇迹"		

4.1.2 任务实施

实施单

任务1	粗集料的性质与检测		学时	2
班级			组号	
实施方式	按最佳计划，各小组成员共同完成实施工作			

试验环境	温度		湿度		是否满足试验要求	是
						否

原材料描述	

仪器准备	

取样方法	

试验结果与分析	

组长签字		教师签字		日期： 年 月 日

4.1.3 评价反馈

教学反馈单

任务1	粗集料的性质与检测		学时		2	
班级		学号		姓名		
调查方式	对学生知识掌握、能力培养的程度，学习与工作的方法及环境进行调查					
序号	调查内容				是	否
1	你了解石子每验收批的取样方法吗？					
2	你学会石子堆积密度的检测方法了吗？					
3	你是否能熟练进行石子堆积密度和空隙率的计算？					
4	你了解石子对泥、泥块及有害杂质含量的要求吗？					
5	你知道混凝土用石子的技术要求是什么吗？					
6	你了解什么是碱-骨料反应吗？					
7	你对本任务的教学方式满意吗？					
8	你对本小组的学习和工作满意吗？					
9	你对教学环境适应吗？					
10	你有规范计算取值的意识吗？					
其他改进教学的建议：						
本调查人签名			调查时间		年　　月　　日	

4.1.4 任务拓展

能力提升单

任务 1	粗集料的性质与检测		学时	2
班级		学号	姓名	
巩固强化练习	 线上答题练习			
拓展任务	工程案例： 　　陕西职业技术学院建筑工程学院实训中心——土木工程材料与检测实训室扩建项目，新到一批碎石，现场拌制混凝土需检测组成材料石子的相关技术性能。根据相关标准和规范进行检测，要求工作过程符合 7S 管理规范，检测过程严格按照混凝土用石子质量及检验方法标准进行。 　　任务发布： 　　请各小组同学根据给定资料，在充分调研原材料情况的前提下，完成该工程所用石子的堆积密度、含水率和颗粒级配试验，并提交结果			
工作过程				
组长签字		老师签字	日期： 年 月 日	

4.1.5　相关知识

建筑用卵石、碎石占混凝土质量近 1/2，其使用遍及建筑、交通、铁路等众多行业，全国每年工程建设砂石年用量高达 200 亿吨，是消耗自然资源最大的材料，而机制砂石已经成为主要砂石料源。在国家有关砂石政策的推动下，各地砂石产业转型升级速度加快，陆续新建和改建大规模的生产线，产业集中度越来越高。如果产品标准的管理和要求不能与生产和使用相协调，砂石的生产不仅会影响山体及河堤安全，破坏鱼类生存环境，污染水质，影响景观，破坏农田或植被，威胁铁路、桥梁与电力设施，严重污染空气和环境，而且会由于对砂石质量的把控不够，直接带来工程结构耐久性差等工程质量问题。随着工程技术的不断进步，对混凝土质量要求的提高，人们对砂石的质量要求也在不断提高。

公称粒径大于 4.75 mm 的岩石颗粒称为粗骨料，常用碎石和卵石两种。碎石由天然岩石或卵石经机械破碎、筛分而成；卵石由自然条件作用形成，卵石按产源不同可分为河卵石、海卵石、山卵石等。碎石与卵石相比，表面比较粗糙，多棱角，表面积大，空隙率大，与水泥的黏结强度较高。因此，在水胶比相同条件下，用碎石拌制的混凝土流动性较小，但强度较高，而卵石则正好相反。因此，在配制高强度混凝土时，宜采用碎石。

《普通混凝土用砂、石质量及检验方法标准》（JGJ 52—2006）对粗骨料的取样方法和技术要求规定如下：

1. 粗骨料（碎石、卵石）检验的取样方法

（1）适用范围。适用于工业与民用建筑和构筑物中水泥混凝土及制品。

（2）引用标准。《建设用卵石、碎石》（GB/T 14685—2022）；《普通混凝土用砂、石质量及检验方法标准》（JGJ 52—2006）。

（3）验收批规定。供货单位提供产品合格证及质量检验报告，购货单位应按同产地、同规格分批验收。用大型工具（如火车、货船或汽车）运输的，以 400 m³ 或 600 t 为一验收批；用小型工具（如拖拉机等）运输的，以 200 m³ 或 300 t 为一验收批。不足上述数量者，应按一验收批进行验收。

（4）取样方法及数量。

① 每验收批的取样方法应按下列规定进行：

A. 在堆料厂取样时，取样部位应均匀分布。取样前先将取样部位表面铲除，然后在堆料的顶部、中部和底部均匀分布的 15 个不同部位各抽取大致数量相等的石子 15 份，经混拌均匀后组成一组石子检验试样。

B. 从火车、汽车、货船上取样时，应从不同部位和深度抽取数量大致相同的石子 15 份，经混拌均匀后组成一组石子检验试样。经观察，如认为各节车皮间（车辆、船只间）材料质量相差甚为悬殊时，应对质量有怀疑的每节车皮（车辆、船只）分别取样和验收。

C. 从皮带运输机上取样时，应全断面定时随机抽取大致等量的石子 8 份，组成一组样品。

② 每组石子试样的取样质量，对于每单项试验应不少于表 4-1 中所规定的质量。当需做几项试验时，如能保证样品经一项试验后不致影响另一项试验的结果，也可用同一组样品进行多项不同的试验。

表 4-1 每一试验项目所需碎石或卵石的最少取样质量　　　单位：kg

序号	试验项目	最少取样质量/kg							
		最大粒径/mm							
		9.5	16.0	19.0	26.5	31.5	37.5	63.0	≥75.0
1	颗粒级配	9.5	16.0	19.0	26.5	31.5	37.5	63.0	80
2	卵石含泥量、碎石泥粉含量	8.0	8.0	24.0	24.0	40.0	40.0	80.0	80.0
3	泥块含量	8.0	8.0	24.0	24.0	40.0	40.0	80.0	80.0
4	针、片状颗粒含量	1.2	4.0	8.0	12.0	20.0	40.0	40.0	40.0
5	不规则颗粒含量	8.0	16.0	16.0	24.0	40.0	80.0	80.0	80.0
6	有机物含量	按照试验要求的粒级和质量取样							
7	硫化物及硫酸盐含量								
8	坚固性								
9	岩石抗压强度	选取有代表性的完整石块，按试验要求锯切或钻取成实验用样品							
10	压碎指标	按照试验要求的颗粒和质量取样							
11	表观密度	8.0	8.0	8.0	8.0	12.0	16.0	24.0	24.0
12	堆积密度与空隙率	40.0	40.0	40.0	40.0	80.0	80.0	120.0	120.0
13	吸水率	8.0	8.0	16.0	16.0	16.0	24.0	24.0	32.0
14	碱骨料反应	20.0	20.0	20.0	20.0	20.0	20.0	20.0	20.0
15	放射性	10.0	10.0	10.0	10.0	10.0	10.0	10.0	10.0
16	含水率	16.0	16.0	16.0	16.0	16.0	16.0	16.0	16.0

③ 每组样品应妥善包装，避免细料散失，以及防污染，并附样品卡片，标明样品的编号、取样时间、代表数量、产地、样品量、要求检验项目及取样方式等。

④ 碎石或卵石缩分时，应将样品置于平板上，在自然状态下拌均匀，并堆成堆体，然后沿互相垂直的两条直径把堆体分成大致相等的四份，取其对角的两份重新拌匀，再堆成堆体，重复上述过程，直至把样品缩分至试验所必需的量为止。

⑤ 砂、碎石或卵石的含水率、堆积密度、紧密密度检验所用的试样，可不经缩分，拌匀后直接进行试验。

2. 粗骨料的技术要求

（1）颗粒级配和最大粒径。

石筛应采用方孔筛。石的公称粒径、石筛筛孔的公称直径与方孔筛筛孔边长应符合表 4-2 中的规定。

表 4-2　石筛筛孔的公称直径与方孔筛尺寸　　　　　　单位：mm

石的公称粒径	石筛筛孔的公称直径	方孔筛筛孔边长
2.50	2.50	2.36
5.00	5.00	4.75
10.0	10.0	9.5
16.0	16.0	16.0
20.0	20.0	19.0
25.0	25.0	26.5
31.5	31.5	31.5
40.0	40.0	37.5
50.0	50.0	53.0
63.0	63.0	63.0
80.0	80.0	75.0
100.0	100.0	90.0

碎石或卵石的颗粒级配，应符合表 4-3 的要求。混凝土用石应采用连续粒级。

单粒级宜用于组合成满足要求级配的连续粒级，也可与连续粒级混合使用，以改善其级配或配成较大粒度的连续粒级。

当卵石的颗粒级配不符合表 4-3 的要求时，应采取措施并经试验证实能确保工程质量后，方允许使用。

表 4-3　碎石或卵石的颗粒级配范围

级配情况	公称粒级/mm	累计筛余，按质量计/%											
		方孔筛筛孔尺寸/mm											
		2.36	4.75	9.5	16.0	19.0	26.5	31.5	37.5	53.0	63.0	75.0	90
连续粒级	5～10	95～100	80～100	0～15	0	—	—	—	—	—	—	—	—
	5～16	95～100	85～100	30～60	0～10	0	—	—	—	—	—	—	—
	5～20	95～100	90～100	40～80	—	0～10	0	—	—	—	—	—	—
	5～25	95～100	90～100	—	30～70	—	0～5	0	—	—	—	—	—
	5～31.5	95～100	90～100	70～90	—	15～45	—	0～5	0	—	—	—	—
	5～40	—	95～100	70～90	—	30～65	—	—	0～5	0	—	—	—
单粒级	10～20	—	95～100	85～100	—	0～15	0	—	—	—	—	—	—
	16～31.5	—	95～100	—	85～100	—	—	0～10	0	—	—	—	—
	20～40	—	—	95～100	—	80～100	—	0～10	0	—	—	—	—
	31.5～63	—	—	—	95～100	—	—	75～100	45～75	—	0～10	0	—
	40～80	—	—	—	—	95～100	—	—	70～100	30～60	0～10	0

（2）碎石或卵石中针、片状颗粒含量应符合表4-4中的规定。

表4-4　针、片状颗粒含量

混凝土强度等级	≥C60	C55～C30	≤C25
针、片状颗粒含量（按质量计）/%	≤8	≤15	≤25

（3）碎石或卵石中的含泥量应符合表4-5中的规定。

表4-5　碎石或卵石中的含泥量

混凝土强度等级	≥C60	C55～C30	≤C25
针、片状颗粒含量（按质量计）/%	≤0.5	≤1.0	≤2.0

对于有抗冻、抗渗或其他特殊要求的混凝土，其所用碎石或卵石的含泥量不应大于1.0%。当碎石或卵石的含泥是非黏土质的石粉时，其含泥量可由表4-5中的0.5%、1.0%、2.0%，分别提高到 1.0%、1.5%、3.0%。

（4）碎石或卵石中的泥块含量应符合表4-6中的规定。

表4-6　碎石、卵石中泥块含量

混凝土强度等级	≥C60	C55～C30	≤C25
泥块含量（按质量计）/%	≤0.2	≤0.5	≤0.7

对于有抗冻、抗渗和其他特殊要求的强度等级小于 C30 的混凝土，其所用碎石或卵石的泥块含量应不大于0.5%。

（5）碎石或卵石的强度。

碎石的强度可用岩石的抗压强度和压碎值指标表示。岩石的抗压强度应比所配制的混凝土强度至少高 20%。当混凝土强度等级大于或等于 C60 时，应进行岩石抗压强度检验，岩石强度首先应由生产单位提供，工程中可采用压碎指标进行质量控制。碎石的压碎值指标宜符合表4-7中的规定。

表4-7　碎石的压碎值指标

岩石品种	混凝土强度等级	碎石压碎值指标/%
沉积岩	C60～C40	≤10
	≤C35	≤16
变质岩或深成的火成岩	C60～C40	≤12
	≤C35	≤20
喷出的火成岩	C60～C40	≤13
	≤C35	≤30

注：沉积岩包括石灰岩、砂岩等。变质岩包括片麻岩、石英岩等。深成的火成岩包括花岗岩、正长岩、闪长岩和橄榄岩等。喷出的火成岩包括玄武岩和辉绿岩等。

卵石的强度用压碎值指标表示，其压碎值指标宜符合表 4-8 中的规定。

表 4-8　卵石的压碎值指标

混凝土强度等级	C60～C40	≤C35
压碎值指标/%	≤12	≤16

（6）坚固性。

碎石和卵石的坚固性应用硫酸钠溶液法检验，试样经 5 次循环后，其质量损失应符合表 4-9 中的规定。

表 4-9　碎石或卵石的坚固性指标

混凝土所处的环境条件及其性能要求	5 次循环后的质量损失/%
在严寒及寒冷地区室外使用，并经常处于潮湿或干湿交替状态下的混凝土，有腐蚀性介质作用或经常处于水位变化区的地下结构或有抗疲劳、耐磨、抗冲击等要求的混凝土	≤8
在其他条件下使用的混凝土	≤12

（7）有害杂质含量。

碎石或卵石中的硫化物和硫酸盐含量，以及卵石中有机物等有害物质含量应符合表 4-10 中的规定。

表 4-10　碎石或卵石中的有害物质含量

项目	质量要求
硫化物及硫酸盐含量（折算成 SO_3，按质量计）/%	≤1.0
卵石中有机物含量（用比色法试验）	颜色应不深于标准色。当颜色深于标准色时，应配制成混凝土进行强度对比试验，抗压强度比应不低于 0.95

当碎石或卵石中含有颗粒状硫酸盐或硫化物杂质时，应进行专门检验，确认能满足混凝土耐久性要求后，方可采用。

（8）碱-骨料反应。

对于长期处于潮湿环境的重要结构混凝土，其所使用的碎石或卵石应进行碱活性检验。

进行碱活性检验时，首先应采用岩相法检验碱活性骨料的品种、类型和数量。当检验出骨料中含有活性二氧化硅时，应采用快速砂浆法和砂浆长度法进行碱活性检验；当检验出骨料中含有活性碳酸盐时，应采用岩石柱法进行碱活性检验。

经上述检验，当判定骨料存在潜在碱-碳酸盐反应危害时，不宜用作混凝土骨料，否则，应通过专门的混凝土试验，做最后评定。

当判定骨料存在潜在碱-硅反应危害时，应控制混凝土中的碱含量不超过 3 kg/m³，或采用能抑制碱-骨料反应的有效措施。

3. 验收、运输和堆放

供货单位应提供砂或石的产品合格证或质量检验报告。使用单位应按砂或石的同产地同规格分批验收。采用大型工具（如火车、货船、汽车）运输的，以 400 m³ 或 600 t 为一验收批；采用小型工具（如拖拉机等）运输的，应以 200 m³ 或 300 t 为一验收批。不足上述数量者，应按一验收批进行验收。

每验收批砂石至少应进行颗粒级配、含泥量、泥块含量检验。对于碎石或卵石，还应检验针片状颗粒含量；对于海砂或有氯离子污染的砂，还应检验其氯离子含量；对于海砂，还应检验贝壳含量；对于人工砂及混合砂，还应检验石粉含量。对于重要工程或特殊工程，应根据工程要求，增加检测项目。对其他指标的合格性有怀疑时，应予以检验。

当砂或石的质量比较稳定、进料量又较大时，可以 1 000 t 为一验收批。

当使用新产源的砂或石时，供货单位应按《普通混凝土用砂、石质量及检验方法标准》（JGJ 52—2006）中石子的质量要求进行全面检验。

使用单位的质量检测报告内容应包括：委托单位；样品编号；工程名称；样品产地、类别、代表数量、检测依据、检测条件、检测项目、检测结果、结论等。

砂或石的数量验收，可按质量计算，也可按体积计算。测定质量，可以汽车地量衡或船舶吃水线为依据。测定体积，可以车皮或船舶的容积为依据。采用其他小型工具运输时，可按量方确定。

砂或石在运输、装卸和堆放过程中，应防颗粒离析和混入杂质，并应按产地、种类和规格分别堆放。碎石或卵石的堆料高度不宜超过 5 m，对于单粒级或最大粒径不超过 20 mm 的连续粒级，其堆料高度可增加到 10 m。

4. 技术性质检测

（1）碎石或卵石的筛分析试验。

① 筛分析试验应采用下列仪器设备：

A. 试验筛：孔径为 100 mm、80.0 mm、63.0 mm、50.0 mm、40.0 mm、31.5 mm、25.0 mm、20.0 mm、16.0 mm、10.0 mm、5.00 mm 和 2.50 mm 的方孔筛以及筛的底盘和盖各一只，其规格和质量应符合现行国家标准《金属穿孔试验筛》（GB/T 6003.2）的要求，筛框直径均为 300 mm。

B. 天平和秤：天平的称量为 5 kg，感量 5 g；秤的称量为 20 kg，感量 20 g。

C. 烘箱：温度控制范围为（105 ± 5）℃。

D. 浅盘。

② 试样制备应符合下列规定：试验前，应将样品缩分至表 4-11 中规定的试样最少质量，并烘干或风干后备用。

表 4-11　筛分析所需试样的最小质量

公称粒径/mm	10.0	16.0	20.0	25.0	31.5	40.0	63.0	80.0
试样最少质量/kg	2.0	3.2	4.0	5.0	6.3	8.0	12.6	16.0

③ 按表 4-11 中的规定称取试样。

④ 将试样按筛孔大小顺序过筛，当每号筛上筛余层的厚度大于试样的最大粒径值时，应将该号筛上的筛余分成两份，再次进行筛分，直至各筛每分钟的通过量不超过试样总量的 0.1%。

注：当筛余颗粒的粒径大于 20 mm 以上时，在筛分过程中，允许用手指拨动颗粒。

⑤ 称取各筛筛余的质量，精确至试样总质量的 0.1%。各筛的分计筛余量和筛底剩余量的总和与筛分前测定的试样总量相比，其相差不得超过 1%。

⑥ 计算分计筛余（各筛上筛余量除以试样总量的百分率），精确至 0.1%。

⑦ 计算累计筛余（该筛的分计筛余与筛孔大于该筛的各筛的分计筛余百分率之总和），精确至 1%。

⑧ 根据各筛的累计筛余，评定该试样的颗粒级配。

（2）碎石或卵石的含水率试验。

① 含水率试验应采用下列仪器设备：

A. 烘箱：能使温度控制在 105 ℃±5 ℃。

B. 秤：称量为 20 kg，感量 20 g。

C. 容器：如浅盘等。

② 按表 4-1 的要求称取试样，分成两份备用。

③ 将试样置于干净的容器中，称取试样和容器的总质量（m_1），并在（105±5）℃的烘箱中烘干至恒重。

④ 取出试样，冷却后称取试样与容器的总质量（m_2），并称取容器的质量（m_3）。

⑤ 含水率应按下式计算（精确至 0.1%）：

$$\omega_{wc} = [(m_1 - m_2)/(m_2 - m_3)] \times 100\%$$

式中　　ω_{wc}——含水率（%）；

m_1——烘干前试样与容器的总质量（g）；

m_2——烘干后试样与容器的总质量（g）；

m_3——容器质量（g）。

以两次试验结果的算术平均值作为测定值。

▶项目 5

普通混凝土的制备与检测

🏆 项目目标

知识目标：

1. 掌握混凝土的制备方法；
2. 掌握普通混凝土和易性的内涵和检测方法；
3. 掌握普通混凝土配合比设计方法。

能力目标：

1. 能按照设计要求计算混凝土的初步配合比；
2. 能按照规范检测新拌混凝土的和易性；
3. 能按照规范检测混凝土的表观密度；
4. 能按照规范检测硬化混凝土的强度。

素质目标：

1. 培养沟通协调、团队合作的能力；
2. 培养吃苦耐劳、精细规范的品格；
3. 培养精益求精、严谨细致的职业精神。

🔧 项目任务

本项目选取的工程为西安某住宅小区项目，位于西安市未央区。项目共有六栋 15 层住宅、三栋 6 层住宅及若干商业用房，地下室一层；结构类型为框-剪结构，基础类型有独立基础和桩基础两种形式，结构设计使用年限 50 年；黄土地区建筑物分类、湿陷等级为Ⅰ级轻微湿陷性，结构安全等级为二级，抗震设防烈度为 8 度，结构环境类别为一类和二b类；工程使用的主要结构材料有混凝土、钢筋、水泥砂浆、实心砖、加气混凝土砌块等。

现该工程 3 号楼需要进行构造柱混凝土施工，混凝土强度等级为 C30，坍落度180±20 mm。请根据相关标准和规范进行混凝土初步配合比设计，并按该配合比配制混凝土拌合物，填写检测记录表，检测其和易性和强度是否满足工程需求，为制备符合工程需求的混凝土提供施工配合比。

任务 5.1 普通混凝土的制备

5.1.1 任务描述

任务单

任务 1	普通混凝土的制备	学时	6
学习目标	1. 掌握混凝土配合比设计要求； 2. 能根据工程需求独立完成混凝土的初步配合比设计； 3. 会制订小组任务实施计划，组织实施后形成评价反馈； 4. 能够科学严谨地分析问题、解决问题		
任务描述	根据项目施工进度，西安某住宅小区需要进行 3 号楼混凝土构造柱施工，混凝土强度等级为 C30，坍落度 180±20 mm，请按照《普通混凝土配合比设计规程》（JGJ 55—2011）进行该混凝土构造柱的配合比设计。具体任务要求如下： 1. 按照规范调研工程所需要的建筑材料； 2. 根据任务制订本小组工作计划； 3. 按照规范完成混凝土配合比设计； 4. 填写配合比设计表		
资讯问题	1. 普通混凝土的组成材料有哪些？分别需要满足哪些性质？ 2. 什么是混凝土配合比设计？需要遵循什么原则？ 3. 混凝土配合比设计的重要参数有什么？ 4. 进行混凝土配合比设计前应该调研哪些数据？ 5. 初步混凝土配合比设计的步骤有哪些？		
资讯引导	查阅书籍和相关规范、标准，利用国家、省级、校内课程资源学习。 相关规范：《普通混凝土配合比设计规程》（JGJ 55—2011）；《混凝土结构耐久性设计规范》（GB/T 50476—2008）		
思政资源	广东凡口铅锌矿生态修复："矿山公园"居然是这样建成的		

5.1.2 任务实施

实施单

任务 1	普通混凝土的制备		学时	6
班级			组号	
实施方式	按最佳计划，各小组成员共同完成实施工作			

试验环境	温度		湿度		是否满足试验要求	是
						否

原材料描述	

混凝土设计强度及坍落度要求	设计强度	坍落度要求

配合比计算	

搅拌机挂浆用量计算	

试拌用量计算	

组长签字		教师签字		日期： 年 月 日

5.1.3 评价反馈

教学反馈单

任务1	普通混凝土的制备			学时	6
班级		学号		姓名	
调查方式	对学生知识掌握、能力培养的程度，学习与工作的方法及环境进行调查				
序号	调查内容			是	否
1	你学会了混凝土配合比设计的原则吗？				
2	你学会了混凝土配合比三大参数的计算吗？				
3	你能列出普通混凝土的材料清单吗？				
4	你学会了混凝土配合比的计算步骤吗？				
5	你学会了混凝土配合比的表示方法吗？				
6	你对本任务的教学方式满意吗？				
7	你对本小组的学习和工作满意吗？				
8	你对教学环境适应吗？				
9	你有规范计算取值的意识吗？				
其他改进教学的建议：					
本调查人签名		调查时间		年　月　日	

5.1.4 任务拓展

能力提升单

任务 1	普通混凝土的制备		学时	6
班级		学号	姓名	
巩固强化练习	线上答题练习			
拓展任务	工程案例： 　　本工程位于陕西省咸阳市，建筑总高度 30 层，87 m；主楼结构形式为剪力墙结构，设计使用年限 50 年，建筑结构安全等级为二级，混凝土结构环境类别为一、二 a、二 b；基础垫层混凝土强度等级不应低于 C15，基础混凝土抗渗等级为 P6，二层结构混凝土柱施工，要求设计强度 C35，坍落度 180±20 mm。 　　任务发布： 　　请各小组同学根据给定资料，在充分调研原材料情况的前提下，完成该工程二层结构混凝土柱的混凝土配合比设计，并将结果提交			
工作过程				
组长签字		老师签字		日期： 年 月 日

5.1.5 相关知识

普通混凝土配合比是指混凝土中水泥、粗细骨料和水等各组成材料用量之间的比例关系。确定这种数量比例关系的工作叫作混凝土配合比设计。图 5-1 所示为混凝土配合比设计流程。

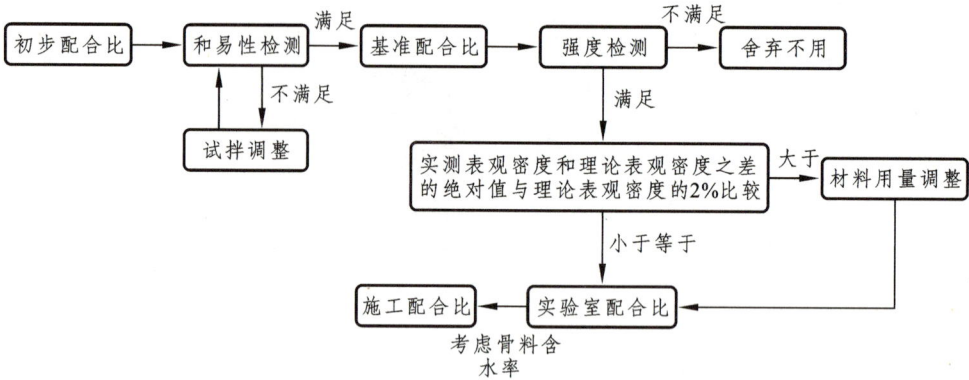

图 5-1　混凝土配合比设计流程

一、混凝土配合比设计的表示方法

混凝土配合比设计的基本方法有两种：

（1）单位用量表示法：以每 1 m³ 混凝土中各项材料的质量表示，如水泥 300 kg、水 190 kg、砂 700 kg、石子 1 200 kg。

（2）相对用量表示法：以水泥的质量为 1，并按"水泥∶水∶砂∶石子，水胶比"的顺序排列表示。如上述数据换算成质量比可写成：水泥∶砂子∶石子 = 1∶2.3∶4.0，水胶比 0.63。

二、混凝土配合比设计的三个重要参数

混凝土配合比设计，实际上是确定水泥、水、砂子和石子等基本组成材料的用量。为了达到混凝土配合比设计的基本要求，关键是要控制好水胶比、单位用水量和砂率三个基本参数。这三个基本参数的确定原则如下：

（一）水胶比

水胶比是水与胶凝材料之间的比例，其根据设计要求的混凝土强度和耐久性来确定。确定原则：在满足混凝土设计强度和耐久性的基础上，选用较大水胶比，以节约水泥，降低混凝土成本。

（二）单位用水量

单位用水量即单位立方米混凝土的用水量，反映了水泥浆与骨料之间的比例关系。

在满足混凝土施工要求的和易性基础上，主要根据坍落度要求和粗骨料品种、最大粒径来确定。一般在满足施工和易性的基础上，尽量选用较小的单位用水量，以节约水泥。因为当 W/C 一定时，用水量越大，所需水泥用量也越大。

（三）砂 率

砂率是砂占砂、石总质量的百分率，它影响着混凝土的黏聚性和保水性。砂子的用量应以填满石子的空隙略有富余。砂率对混凝土和易性、强度和耐久性影响很大，也直接影响水泥用量，故应尽可能选用最优砂率，并根据砂子细度模数、坍落度要求等加以调整，有条件时宜通过试验确定。

三、混凝土配合比设计的基本资料

进行混凝土配合比设计之前，必须详细掌握下列基本资料：

（1）了解设计要求的混凝土强度等级和反映混凝土生产中强度质量稳定性的强度标准差，用于确定混凝土配制强度。

（2）掌握工程所处环境条件和混凝土耐久性的要求，用于确定所配制混凝土的最大水胶比和最小水泥用量。

（3）了解结构构件断面尺寸及钢筋配置情况，用于确定混凝土骨料的最大粒径。

（4）施工工艺对混凝土拌合物的流动性要求及各种原材料的品种、类型和物理力学性能指标，用于选择混凝土拌合物的坍落度及骨料最大粒径。

四、混凝土配合比设计的基本步骤

混凝土配合比设计步骤为：首先根据原始技术资料"初步计算配合比"；然后经试配调整获得满足和易性要求的"基准配合比"；再经强度和耐久性检验定出满足设计要求、施工要求和经济合理的"试验室配合比"；最后根据施工现场砂、石料的含水率换算成"施工配合比"。

（一）初步配合比的确定

1. 计算混凝土配制强度（$f_{cu,0}$）

（1）当混凝土的设计强度等级小于 C60 时：

$$f_{cu,0} \geqslant f_{cu,k} + 1.645\sigma \qquad (5-1)$$

（2）当混凝土的设计强度等级大于或等于 C60 时：

$$f_{cu,0} \geqslant 1.15 f_{cu,k} \qquad (5-2)$$

式中　$f_{cu,0}$——混凝土的配制强度（MPa）；

　　　$f_{cu,k}$——混凝土的设计强度等级（MPa）；

　　　σ——混凝土的强度标准差。

关于强度标准差的相关规定：

当具有近 1～3 个月的同一品种、同一强度等级混凝土的强度资料时，其混凝土强度标准差 σ 应按式（5-3）计算：

$$\sigma = \sqrt{\frac{\sum_{i=1}^{n} f_{cu,i}^2 - n m_{f_{cu}}^2}{n-1}} \qquad (5\text{-}3)$$

式中　$f_{cu,i}$ ——第 i 组试件的强度（MPa）；

　　　$m_{f_{cu}}$ ——n 组试件的强度平均值（MPa）；

　　　σ ——混凝土的强度标准差；

　　　n ——试件组数，n 值应大于或等于 30。

对于强度等级不大于 C30 的混凝土：当 σ 计算值不小于 3.0 MPa 时，应按式（5-3）计算结果取值；当 σ 计算值小于 3.0 MPa 时，σ 应按 3.0 MPa 取值。对于强度等级大于 C30 且小于 C60 的混凝土：当 σ 计算值不小于 4.0 MPa 时，应按式（5-3）计算结果取值；当 σ 计算值小于 4.0 MPa 时，σ 应按 4.0 MPa 取值。

当没有近期的同一品种、同一强度等级混凝土强度资料时，其强度标准差 σ 可按表 5-1 取值。

表 5-1　强度标准差 σ 值　　　　　　单位：MPa

混凝土强度标准值	≤C20	C25～C45	C50～C55
σ	4.0	5.0	6.0

2. 根据配制强度和耐久性要求计算水胶比（W/B）

（1）根据强度要求计算水胶比。根据已知的混凝土配制强度（$f_{cu,0}$）及所用水泥的实测强度（f_b）或水泥标号，则可由混凝土强度经验公式求得所要求的水胶比值，即

$$W/B = \frac{\alpha_a \cdot f_b}{f_{cu,0} + \alpha_a \alpha_b f_b} \qquad (5\text{-}4)$$

式中　W/B ——混凝土水胶比；

　　　α_a, α_b ——回归系数，取值应符合表 5-2 中的规定；

　　　f_b ——胶凝材料（水泥与矿物掺合料按使用比例混合）28 d 胶砂强度（MPa），试验方法应按现行国家标准《水泥胶砂强度检验方法（ISO 法）》（GB/T 17671—2021）执行，当无实测值时，可按式 5-5 确定。

表 5-2　回归系数 α_a, α_b 选用

回归系数	粗骨料品种	
	碎石	卵石
α_a	0.53	0.49
α_b	0.20	0.13

当胶凝材料 28 d 胶砂抗压强度无实测值时，可按式（5-5）确定。

$$f_b = \gamma_f \gamma_s f_{ce} \tag{5-5}$$

式中　γ_f , γ_s ——粉煤灰影响系数和粒化高炉矿渣粉影响系数，可按表 5-3 选用；

　　　f_{ce} ——水泥 28 d 胶砂抗压强度（MPa），可实测，也可按式 5-6 确定。

表 5-3　粉煤灰影响系数 γ_f 和粒化高炉矿渣粉影响系数 γ_s 选用

掺量种类	粉煤灰影响系数	粒化高炉矿渣粉影响系数
0	1.00	1.00
10	0.90~0.95	1.00
20	0.80~0.85	0.95~1.00
30	0.70~0.75	0.90~1.00
40	0.60~0.65	0.80~0.90
50	—	0.70~0.85

当水泥 28 d 胶砂抗压强度无实测值时，可按式（5-6）确定。

$$f_{ce} = \gamma_c f_{ce,g} \tag{5-6}$$

式中　γ_c ——水泥强度等级值的富裕系数，可按实际统计资料确定；当缺乏实际统计资料时，可按表 5-4 选用；

　　　$f_{ce,g}$ ——水泥强度等级值（MPa）。

表 5-4　水泥强度等级值的富裕系数 γ_c 选用

水泥强度等级值	32.5	42.5	52.5
富裕系数	1.12	1.16	1.10

（2）根据耐久性要求查表 5-5，得最大水胶比限值。

表 5-5　与所处环境相应的混凝土最大水胶比和最小水泥用量限值

环境条件		结构物类别	最大水胶比			最小水泥用量/kg		
			素混凝土	钢筋混凝土	预应力混凝土	素混凝土	钢筋混凝土	预应力混凝土
干燥		正常的居住或办公用房屋内部件	0.6	0.6	0.6	250	280	300
潮湿	无冻害	1. 高湿度的室内部件；2. 室外部件；3. 在非侵蚀性土或水中的部件	0.5	0.5	0.5	320	320	320
	有冻害	1. 经受冻害的室外部件；2. 在非侵蚀性土或水中的部件且经受冻害的部件；3. 高湿度且经受冻害的室内部件	0.55	0.55	0.55	280	300	300
有冻害和除水剂的潮湿环境		经受冻害和除水剂作用的室内和室外部件	0.5	0.5	0.5	320	320	320

（3）比较强度要求水胶比和耐久性要求水胶比，取两者中的最小值。

3. 根据施工要求的坍落度和骨料品种、粒径，由表 5-6 所示选取每立方米混凝土的用水量（m_{w0}）

（1）混凝土水胶比在 0.40～0.80 范围内，干硬性混凝土和塑性混凝土用水量可按表 5-6 中的规定选取，当混凝土水胶比小于 0.40 时，可通过试验确定。

表 5-6　混凝土的单位用水量选用

拌合物稠度		卵石最大公称粒径/mm				碎石最大公称粒径/mm			
项目	指标	10.0	20.0	31.5	40.0	16.0	20.0	31.5	40.0
坍落度/mm	10～30	190	170	160	150	200	185	175	165
	35～50	200	180	170	160	210	195	185	175
	55～70	210	190	180	170	220	205	195	185
	75～90	215	195	185	175	230	215	205	195
维勃稠度/s	16～20	175	160	—	145	180	170	—	155
	11～15	180	165	—	150	185	175	—	160
	5～10	185	170	—	155	190	180	—	165

注：本表用水量系采用中砂时的平均取值。采用细砂时，每立方米混凝土用水量可增加 5～10 kg；
采用粗砂时，则可减少 5～10 kg。

（2）流动性混凝土和大流动性混凝土用水量的确定。

以表 5-6 中坍落度 90 mm 的用水量为基础，按坍落度每增大 20 mm，用水量增加 5 kg，计算出未掺外加剂时混凝土的用水量。

（3）掺外加剂时混凝土用水量按式 5-7 计算。

$$m_{w0} = m'_{w0}(1-\beta) \tag{5-7}$$

式中　m_{w0}——满足实际坍落度要求的每立方米混凝土用水量（kg/m³）；

　　　m'_{w0}——未掺入外加剂时推定的满足实际坍落度要求的每立方米混凝土用水量（kg/m³）；

　　　β——外加剂的减水率（％），应经混凝土试验确定。

4. 计算每立方米混凝土的水泥用量（m_{c0}）

（1）计算胶凝材料用量：

$$m_{b0} = \frac{m_{w0}}{W/B} \tag{5-8}$$

式中　m_{b0}——计算配合比每立方米混凝土中胶凝材料用量（kg/m³）；

　　　m_{w0}——计算配合比每立方米混凝土的用水量（kg/m³）；

　　　W/B——混凝土水胶比。

查表 5-5，复核是否满足耐久性要求的最小水泥用量，取两者中的较大值。

（2）计算每立方米混凝土的矿物掺合料用量：

$$m_{f0} = m_{b0}\beta_f \tag{5-9}$$

式中 m_{f0}——计算配合比每立方米混凝土中矿物掺合料用量（kg/m³）；

β_f——矿物掺合料掺量（%）。

（3）计算每立方米混凝土的水泥用量：

$$m_{c0} = m_{b0} - m_{f0} \tag{5-10}$$

式中 m_{c0}——计算配合比每立方米混凝土中水泥用量（kg/m³）；

m_{f0}——计算配合比每立方米混凝土中矿物掺合料用量（kg/m³）。

（4）计算每立方米混凝土的外加剂用量：

$$m_{a0} = m_{b0}\beta_a \tag{5-11}$$

式中 m_{a0}——计算配合比每立方米混凝土中外加剂用量（kg/m³）；

m_{b0}——计算配合比每立方米混凝土中胶凝材料用量（kg/m³）；

β_a——外加剂掺量（%），应经混凝土试验确定。

5. 确定合理砂率（β_s）

（1）应根据骨料技术指标、混凝土拌合物性能和施工要求，参考既有历史资料确定。

（2）当缺乏砂率的历史资料时，混凝土砂率的确定应符合下列规定：

① 坍落度小于 10 mm 的混凝土，其砂率应经试验确定。

② 坍落度为 10～60 mm 的混凝土砂率，可根据粗骨料品种、最大公称粒径及水灰比按表 5-7 确定。

③ 坍落度大于 60 mm 的混凝土砂率，可经试验确定，也可在表 5-7 的基础上，按坍落度每增大 20 mm，砂率增大 1% 的幅度予以调整。

表 5-7   混凝土的砂率   %

水胶比	卵石最大粒径/mm			碎石最大粒径/mm		
	10.0	20.0	40.0	16.0	20.0	40.0
0.40	26～32	25～31	24～30	30～35	29～34	27～32
0.50	30～35	29～34	28～33	33～38	32～37	30～35
0.60	33～38	32～37	31～36	36～41	35～40	33～38
0.70	36～41	35～40	34～39	39～44	38～43	36～41

注：① 本表数值系中砂的选用砂率，对细砂或粗砂，可相应地减小或增大砂率；
　　② 采用人工砂率配制混凝土时，砂率可适当增大；
　　③ 只用一个单粒级粗骨料时，砂率应适当增大。

6. 粗、细骨料用量

（1）质量法的基本原理。

质量法的基本原理为混凝土的总质量等于各组成材料质量之和。当混凝土所用原材料和三项基本参数确定后，混凝土的表观密度（即 1 m³ 混凝土的质量）接近某一定值。若预先能假定出混凝土的表观密度，则有：

$$m_{f0} + m_{c0} + m_{s0} + m_{g0} + m_{w0} = m_{cp}$$

$$\beta_s = \frac{m_{s0}}{m_{s0} + m_{g0}} \times 100\%$$

（5-12）

式中　m_{g0}——每立方米混凝土中粗骨料用量（kg/m³）；

m_{c0}——每立方米混凝土中水泥用量（kg/m³）；

m_{f0}——每立方米混凝土中掺合料用量（kg/m³）；

m_{s0}——每立方米混凝土中细骨料用量（kg/m³）；

m_{w0}——每立方米混凝土的用水量（kg/m³）；

m_{cp}——每立方米混凝土拌合物的假定质量（kg/m³），可取 2 350～2 450 kg/m³；

β_s——砂率（%）。

（2）体积法的基本原理。

体积法的基本原理为混凝土的总体积等于砂子、石子、水、水泥体积及混凝土中所含的空气体积之总和。则有：

$$\frac{m_{f0}}{\rho_f} + \frac{m_{c0}}{\rho_c} + \frac{m_{s0}}{\rho_s} + \frac{m_{g0}}{\rho_g} + \frac{m_{w0}}{\rho_w} + 0.01\alpha = 1$$

$$\beta_s = \frac{m_{s0}}{m_{s0} + m_{g0}} \times 100\%$$

（5-13）

式中　m_g，ρ_g——每立方米混凝土中粗骨料用量及粗骨料的表观密度（kg/m³）；

m_{c0}，ρ_c——每立方米混凝土中水泥用量及水泥的密度（kg/m³）；

m_{f0}，ρ_f——每立方米混凝土中掺合料用量及掺合料的密度（kg/m³）；

m_{s0}，ρ_s——每立方米混凝土中细骨料用量及细骨料的表观密度（kg/m³）；

m_w，ρ_w——每立方米混凝土的用水量及水的密度，可取 1 000（kg/m³）；

α——混凝土的含气量百分数，在不使用引气剂外加剂时，可取 1；

β_s——砂率（%）。

（二）基准配合比的确定

基准配合比求出的各材料用量，是借助于某些经验公式和数据计算出来的或是利用经验资料查得的，不一定能够符合实际情况，因而必须经过试拌调整，直到混凝土拌合物的和易性符合要求为止，然后提出供检验混凝土强度用的基准配合比。

调整混凝土拌合物和易性的方法如下：

（1）当坍落度低于设计要求时，可保持水胶比不变，适当增加水泥浆量或调整砂率。

（2）若坍落度过大，则可在砂率不变的条件下增加砂石用量。

（3）如出现含砂不足、黏聚性和保水性不良时，可适当增大砂率；反之，应减小砂率。每次调整后再试拌，直到和易性符合要求为止。当试拌调整工作完成后，应测出混凝土拌合物的实际表观密度。

（三）实验室配合比的确定

经过和易性调整试验得出的混凝土基准配合比，其水胶比值不一定恰当，其强度不一定符合要求，所以应检验混凝土的强度。一般采用三个不同的配合比，其中一个为基准配合比，另外两个配合比的水胶比，应较基准配合比分别增加或减少 0.05，其用水量应该与基准配合比基本相同，但砂率可分别增加或减少 1%。每个配合比至少制作一组试件，标准养护 28 d 试压（在制作混凝土强度试块时，尚需检验混凝土拌合物的和易性及测定表观密度，并以此结果作为代表这一配合比的混凝土拌合物的性能）。若对混凝土还有其他技术性能要求，如抗渗等级、抗冻等级等要求，则应增加相应的试验项目进行检验。

假设已满足各项要求的每立方米混凝土拌合物各材料，即水泥、掺合料、砂子、石子和水的用量分别为：m_c、m_f、m_s、m_g、m_w。

配合比调整后的混凝土拌合物的表观密度计算值为

$$\rho_{c,c} = m_c + m_f + m_s + m_g + m_w \tag{5-14}$$

混凝土配合比校正系数：

$$\delta = \frac{\rho_{c,t}}{\rho_{c,c}} \tag{5-15}$$

式中　　$\rho_{c,c}$——混凝土拌合物计算表观密度（kg/m^3）；

　　　　$\rho_{c,t}$——混凝土拌合物实测表观密度（kg/m^3）。

当混凝土表观密度实测值和计算值之差的绝对值不超过计算值的 2%时，则按上述方法计算确定的配合比为确定的设计配合比；当两者之间差值超过 2%时，应将配合比中每项材料用量均乘以校正系数的值，即为确定的设计配合比。

（四）施工配合比的确定

试验室得出的配合比，是以干燥材料为基准的，而工地存放的砂、石材料都含有一定的水分。所以现场材料的实际称量应按工地砂、石的含水情况进行修正，修正后的配合比，叫作施工配合比。假设工地测出砂的含水率为 a%，石子的含水率为 b%，则上述实验室配合比换算为施工配合比为（每 1 m^3 各材料用量）：

$$\begin{cases} m'_c = m_c \\ m'_f = m_f \\ m_s = m_s(1+a\%) \\ m'_g = m_g(1+b\%) \\ m'_w = m_w - m_s u\% - m_g b\% \end{cases} \tag{5-16}$$

五、混凝土配合比设计实例

某现浇框架结构（不受雨雪影响，无冻害）混凝土的设计强度等级为 C30，施工要求的坍落度为 160 ~ 200 mm，采用机械搅拌和机械振捣，施工单位无历史统计资料，所用原材料如下：

水泥：强度等级 42.5P.O。

砂：二区中砂。

石子：连续粒级 5 ~ 20 mm。

粉煤灰：Ⅱ级灰，干燥、无杂物、无结块，掺量为 20%。

外加剂：液态聚羧酸高性能减水剂，减水率为 25%，掺量为 1%。

自来水。

施工现场砂子含水率为 5%，石子含水率为 2%。

试设计该混凝土的基准配合比，并求出施工配合比。

（一）基准配合比的确定

1. 确定混凝土的配制强度

$$f_{cu,0} = f_{cu,k} + 1.645\delta = 30 + 1.645 \times 5.0 = 38.2 \text{ MPa}$$

2. 确定水胶比 W/B

$$
\begin{aligned}
W/B &= \frac{\alpha_a f_b}{f_{cu,0} + \alpha_a \alpha_b f_b} \\
&= \frac{\alpha_a \gamma_c \gamma_f \gamma_s f_{ce,k}}{f_{cu,0} + \alpha_a \alpha_b \gamma_c \gamma_f \gamma_s f_{ce,k}} \\
&= \frac{0.53 \times 1.16 \times 0.80 \times 1.0 \times 42.5}{38.2 + 0.53 \times 0.20 \times 1.16 \times 0.80 \times 1.0 \times 42.5} = 0.49
\end{aligned}
$$

经混凝土耐久性校核，运行最大水胶比为 0.6，故采用计算水胶比 0.49。

3. 确定单位用水量 m_{w0}

混凝土拌合物设计坍落度为 160 ~ 200 mm，碎石公称最大粒径为 20 mm，查表可知坍落度为 90 mm 的用水量为 215 kg，根据规程每增大 20 mm 坍落度相应增加 5 kg/m³ 用水量来计算，m'_{w0} 初步选用 237 kg/m³。

因加入减水剂，减水率为 25%，故：

$$m_{w0} = m'_{w0}(1 - \beta) = 237 \times (1 - 25\%) = 178 \text{ kg/m}^3$$

4. 计算胶凝材料用量 m_{b0}

$$m_{b0} = \frac{m_{w0}}{W/B} = \frac{178}{0.49} = 363 \text{ kg/m}^3$$

经混凝土耐久性校核，最小胶凝材料用量为 320 kg/m³，故选用计算胶凝材料用量 363 kg/m³。

5. 计算粉煤灰用量 m_{f0}

$$m_{f0} = 363 \times 20\% = 73 \text{ kg/m}^3$$

6. 计算水泥用量 m_{c0}

$$m_{c0} = 363 - 73 = 290 \text{ kg/m}^3$$

7. 计算外加剂用量 m_{a0}

减水剂掺量为 1%，则 $m_{a0} = 363 \times 1\% = 3.63\ \text{kg/m}^3$。

8. 确定砂率 β_s

根据粗集料为碎石，公称最大粒径 20 mm，水胶比为 0.49，查表，并用内插法计算砂率范围为 32% ~ 37%，当坍落度大于 60 mm，每增大 20 mm，砂率增大 1%，故取 $\beta_s = 40\%$。

9. 计算砂石用量（质量法）

假设混凝土拌合物的表观密度为 2 400 kg/m^3，则

$$m_{f0} + m_{c0} + m_{s0} + m_{g0} + m_{w0} = m_{cp}$$

$$\frac{m_{s0}}{m_{s0} + m_{g0}} \times 100\% = \beta_s$$

将数据带入公式得

$$73 + 290 + m_{s0} + m_{g0} + 178 = 2\ 400$$

$$\frac{m_{s0}}{m_{s0} + m_{g0}} \times 100\% = 40\%$$

解方程组得出：

$$m_{s0} = 744\ \text{kg/m}^3 \qquad m_{g0} = 1\ 115\ \text{kg/m}^3$$

则该混凝土的理论配合比为

$$m_{c0} = 290\ \text{kg/m}^3, \quad m_{f0} = 73\ \text{kg/m}^3,$$

$$m_{s0} = 744\ \text{kg/m}^3, \quad m_{g0} = 1\ 115\ \text{kg/m}^3,$$

$$m_{w0} = 178\ \text{kg/m}^3, \quad m_{a0} = 3.63\ \text{kg/m}^3。$$

（二）施工配合比的确定

$$m_{c0} = 290\ \text{kg/m}^3, \quad m_{f0} = 73\ \text{kg/m}^3,$$

$$m_{s0} = 744\ \text{kg/m}^3, \quad m_{g0} = 1\ 115\ \text{kg/m}^3,$$

$$m_{w0} = 178\ \text{kg/m}^3, \quad m_{a0} = 3.63\ \text{kg/m}^3。$$

$$m_c' = m_c = 290\ \text{kg/m}^3;$$

$$m_f' = m_f = 73\ \text{kg/m}^3;$$

$$m_s = m_s(1 + a\%) = 744 \times (1 + 5\%) = 781\ \text{kg/m}^3;$$

$$m_g' = m_g(1 + b\%) = 1\ 115 \times (1 + 2\%) = 1\ 137\ \text{kg/m}^3;$$

$$m_w' = m_w - m_s a\% - m_g b\% = 178 - 37.2 - 22.3 = 118\ \text{kg/m}^3。$$

混凝土初步配合比设计流程如图 5-2 所示。

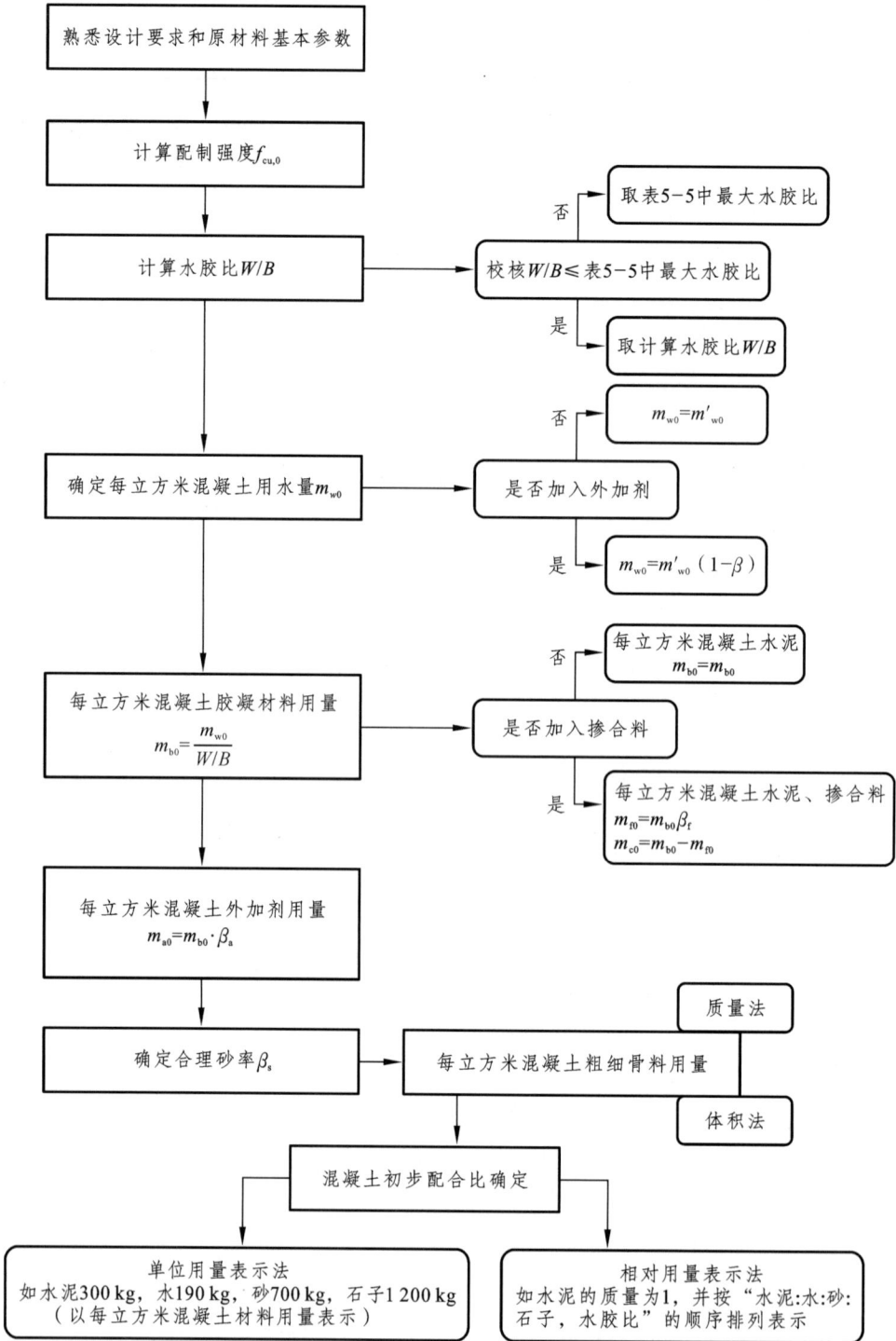

```
┌──────────────────────────┐
│  熟悉设计要求和原材料基本参数  │
└──────────────────────────┘
              │
              ▼
┌──────────────────────────┐                              ┌──────────────────────┐
│   计算配制强度 $f_{cu,0}$   │                       否    │  取表5-5中最大水胶比   │
└──────────────────────────┘                      ┌──────▶└──────────────────────┘
              │                                    │
              ▼                             ┌──────────────────────────┐
┌──────────────────────────┐                │  校核 $W/B \le$ 表5-5中最大水胶比  │
│     计算水胶比 $W/B$      │──────────▶     └──────────────────────────┘
└──────────────────────────┘                      │  是       ┌──────────────────────┐
              │                                    └──────────▶│   取计算水胶比 $W/B$   │
              │                                                └──────────────────────┘
              ▼
┌──────────────────────────┐                       否    ┌──────────────────────┐
│  确定每立方米混凝土用水量 $m_{w0}$ │                ┌──────▶│  $m_{w0}=m'_{w0}$     │
└──────────────────────────┘                      │      └──────────────────────┘
              │                             ┌──────────────────────────┐
              │                             │     是否加入外加剂        │
              │                             └──────────────────────────┘
              │                                    │  是       ┌──────────────────────┐
              │                                    └──────────▶│ $m_{w0}=m'_{w0}(1-\beta)$ │
              ▼                                                └──────────────────────┘
┌──────────────────────────┐                       否    ┌──────────────────────┐
│  每立方米混凝土胶凝材料用量    │                       ┌────▶│  每立方米混凝土水泥     │
│  $m_{b0}=\dfrac{m_{w0}}{W/B}$  │                  │      │  $m_{b0}=m_{b0}$       │
└──────────────────────────┘                      │      └──────────────────────┘
              │                             ┌──────────────────────────┐
              │                             │     是否加入掺合料        │
              │                             └──────────────────────────┘
              │                                    │  是   ┌──────────────────────────┐
              │                                    └──────▶│ 每立方米混凝土水泥、掺合料  │
              │                                            │ $m_{f0}=m_{b0}\beta_f$    │
              ▼                                            │ $m_{c0}=m_{b0}-m_{f0}$    │
┌──────────────────────────┐                              └──────────────────────────┘
│  每立方米混凝土外加剂用量     │
│  $m_{a0}=m_{b0}\cdot\beta_a$ │
└──────────────────────────┘
              │
              ▼                                                        ┌──────────┐
┌──────────────────┐      ┌──────────────────────────┐       ┌───────▶│  质量法   │
│  确定合理砂率 $\beta_s$ │──────▶│  每立方米混凝土粗细骨料用量   │───────┤        └──────────┘
└──────────────────┘      └──────────────────────────┘       └───────▶┌──────────┐
              │                                                        │  体积法   │
              ▼                                                        └──────────┘
┌──────────────────────────┐
│     混凝土初步配合比确定      │
└──────────────────────────┘
       │                        │
       ▼                        ▼
┌──────────────────────┐   ┌──────────────────────┐
│     单位用量表示法      │   │     相对用量表示法      │
│ 如水泥300 kg, 水190 kg,│   │ 如水泥的质量为1, 并按"水泥:水:砂:│
│ 砂700 kg, 石子1 200 kg │   │ 石子, 水胶比"的顺序排列表示  │
│ (以每立方米混凝土材料用量表示)│  └──────────────────────┘
└──────────────────────┘
```

图 5-2　混凝土初步配合比设计流程

📖 **拓展知识一**

混凝土外加剂

📖 **拓展知识二**

其他品种混凝土

任务 5.2　新拌混凝土和易性检测

5.2.1　任务描述

任务单

任务 2	新拌混凝土和易性检测	学时	6
学习目标	1. 掌握混凝土和易性试验操作步骤； 2. 能够严格按照规范要求独立进行混凝土拌合物和易性检测； 3. 能够根据试验结果，评定混凝土拌合物的和易性； 4. 会制订小组任务实施计划，组织实施后形成评价反馈； 5. 能够科学严谨地分析问题、解决问题		
任务描述	根据项目施工进度，西安某住宅小区需要进行 3 号楼混凝土构造柱施工，混凝土强度等级为 C25，坍落度 180±20 mm，请按照《普通混凝土拌合物性能试验方法标准》（GB/T 50080—2016）进行混凝土拌合物和易性检测，具体要求： 1. 按照配合比设计结果准确称量原材料； 2. 按照规范拌制混凝土，并检测其和易性； 3. 填写检测记录表，评定混凝土和易性		
资讯问题	1. 什么是混凝土拌合物的和易性？		
	2. 混凝土流动性、保水性、黏聚性如何检测（塑性、干硬性）？		
	3. 混凝土流动性如何分级与选择？		
	4. 混凝土拌合物的和易性对工程质量有什么影响？		
资讯引导	查阅书籍和相关规范、标准，利用国家、省级、校内课程资源学习。 相关规范：《普通混凝土拌合物性能试验方法标准》（GB/T 50080—2016）；《混凝土质量控制标准》（GB 50164—2011）；《普通混凝土用砂、石质量及检验方法标准》（JGJ 52—2006）		
思政资源	 **从 9 个方面解读《混凝土与水泥制品行业"十四五"发展指南》**		

5.2.2 任务实施

实施单

任务 2	混凝土拌合物和易性检测				学时	6	
班级					组号		
实施方式	按最佳计划，各小组成员共同完成实施工作						
试验环境	温度			湿度		是否满足试验要求	是
							否
试验方法							
试验设备							
试验步骤							
试验结果与分析	坍落度	目测值		实测值			
			测量值		结果		
	黏聚性						
	保水性						
组长签字			教师签字			日期： 年 月 日	

5.2.3 评价反馈

教学反馈单

任务2	混凝土拌合物和易性检测			学时	6
班级		学号		姓名	
调查方式	对学生知识掌握、能力培养的程度，学习与工作的方法及环境进行调查				
序号	调查内容			是	否
1	你清楚混凝土和易性的含义了吗？				
2	你能列出混凝土流动性检测方法吗？				
3	你能列出混凝土坍落度检测的设备清单吗？				
4	你学会了混凝土坍落度检测方法吗？				
5	你学会了判定保水性和黏聚性的方法吗？				
6	你对本任务的教学方式满意吗？				
7	你对本小组的学习和工作满意吗？				
8	你对教学环境适应吗？				
9	你有规范计算取值的意识吗？				
其他改进教学的建议：					
本调查人签名		调查时间		年　月　日	

5.2.4 任务拓展

能力提升单

任务 2	混凝土拌合物和易性检测		学时	6
班级		学号	姓名	
巩固强化练习	线上答题练习			
拓展任务	工程案例： 　本工程位于陕西省西安市丰信路与公园大街交汇处东南角,建筑总高度 16 层,51.33 m；主楼结构形式为剪力墙结构，设计使用年限 70 年，建筑结构安全等级为二级，混凝土结构环境类别为一、二 a、二 b；基础垫层混凝土强度等级不应低于 C15，基础混凝土抗渗等级为 P6，二层结构混凝土柱施工，要求设计强度 C30，坍落度 180±20 mm。 　任务发布： 　请各小组同学根据给定资料，在充分调研原材料情况的前提下，选取适当的检测方法，完成该工程二层结构混凝土柱的混凝土和易性检测，并将结果提交			
工作过程				
组长签字		老师签字		日期：　年　月　日

5.2.5　相关知识

混凝土主要划分为两个阶段与状态：凝结硬化前的塑性状态，即新拌混凝土或混凝土拌合物；水泥硬化之后的坚硬状态，即硬化混凝土或混凝土。

混凝土拌合物应具有良好的和易性，以便于施工操作，得到结构均匀、成型密实的混凝土，保证混凝土的强度和耐久性。硬化的混凝土的主要性质包括强度、变形性质和耐久性等。

【模范榜样】劳模张军宏：混凝土质量"把关人"

一、和易性定义

和易性（又称工作性）是指混凝土拌合物易于搅拌、运输、浇灌、捣实成型，并获得质量均匀密实的混凝土的一项综合技术性能。通常用流动性、黏聚性和保水性三个方面表示，如图 5-3 所示。

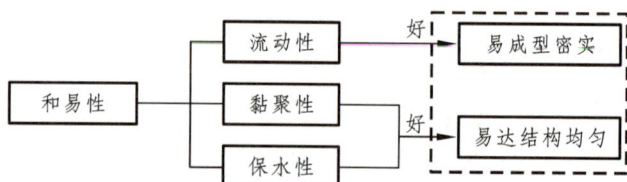

图 5-3　和易性的三个方面

二、和易性的评定

混凝土拌合物和易性的评定，通常是通过测定混凝土拌合物的流动性，再辅以其他方式直观观察黏聚性和保水性，最终根据经验综合评定混凝土的工作性。

混凝土拌合物的流动性可采用坍落度、维勃稠度或扩展度表示：坍落度法适用于坍落度不小于 10 mm 的混凝土拌合物，维勃稠度检验适用于维勃稠度 5~30 s 的混凝土拌合物，扩展度适用于泵送高强混凝土和自密实混凝土。黏聚性与保水性主要通过目测观察来判定。

（一）坍落度法

1. 坍落度的定义

混凝土拌合物的坍落度是指将混凝土密实装入给定规格的模具——坍落度筒后，迅速竖直提起坍落度筒，混凝土拌合物在自重作用下坍落的距离数值。混凝土坍落度是评定混凝土流动性的指标。

混凝土拌合物坍落度试验是指利用坍落度筒检测混凝土坍落度值，从而评定混凝土拌合物的流动性，观察混凝土拌合物的坍落状态及检测过程泌水现象，以评定拌合物黏聚性及保水性的试验过程。混凝土坍落度试验应按照《普通混凝土拌合物性能试验方法标准》（GB/T 50080—2016）中的规定进行。

《普通混凝土拌合物性能试验方法标准》（GB/T 50080—2016）

2. 主要检测设备

拌盘、料铲（见图5-4）、拌铲、搪瓷盘、烧杯、不锈钢盆、捣棒（直径为16 mm、长600 mm的钢棒，端部应磨圆）、钢尺（30 cm）、抹刀（见图5-5）、台秤（称量100 kg、感量50 g）、天平。

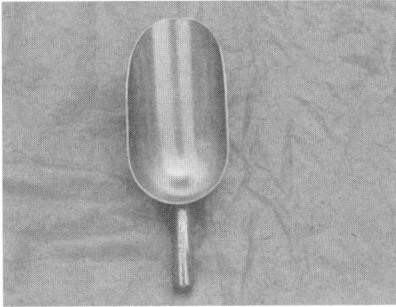

图 5-4　料铲

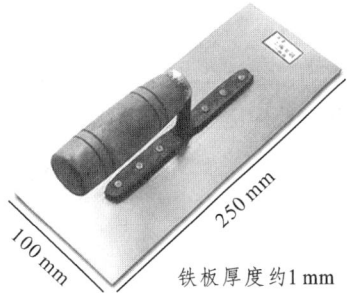

250 mm
100 mm
铁板厚度约1 mm

图 5-5　抹刀

坍落度筒，即用1.5 mm厚的薄钢板或其他金属制成的圆台形筒，其内壁应光滑、无凹凸部位。底面和顶面应互相平行并与锥体的轴线垂直。在坍落度筒外2/3高度处安两个把手，下端应焊脚踏板。筒的内部尺寸为：底部直径为200 mm ± 2 mm，顶部直径为100 mm ± 2 mm，高度为300 mm ± 2 mm，筒壁厚度不小于1.5 mm，如图5-6所示。

图 5-6　坍落度筒、捣棒、标尺

混凝土搅拌机，应符合现行行业标准《混凝土试验用搅拌机》（JG 244—2009）规定，如图5-7所示。

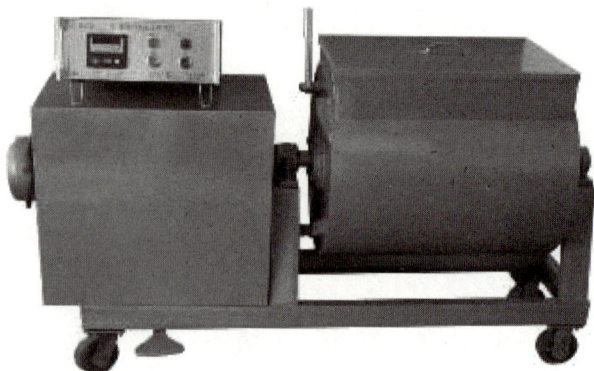

图 5-7　HJW-60 升单卧轴混凝土搅拌机

3. 取样和试样的制备

试样的取样和制备应按《普通混凝土拌合物性能试验方法标准》（GB/T 50080—2016）中的规定进行。具体要求如下：

（1）同一组混凝土拌合物的取样，应在同一盘混凝土或同一车混凝土中取样。取样量应多于试验所需量的 1.5 倍，且不宜小于 20 L。

（2）混凝土拌合物的取样应具有代表性，宜采用多次采样的方法。宜在同一盘混凝土或同一车混凝土中的 1/4、1/2 处和 3/4 处分别取样，并搅拌均匀；第一次取样和最后一次取样的时间不宜超过 15 min。

（3）宜在取样后 5 min 内开始各项性能试验。

（4）试验室制备混凝土拌合物的搅拌应符合下列规定：

混凝土拌合物应采用搅拌机搅拌，搅拌前应将搅拌机冲洗干净，并预拌少量同种混凝土拌合物或水胶比相同的砂浆，搅拌机内壁挂浆后将剩余料卸出。

称好的各项材料应按粗骨料、胶凝材料、细骨料和水顺序依次加入搅拌机，难溶和不溶的粉状外加剂宜与胶凝材料同时加入搅拌机，液体和可溶外加剂宜与拌合水同时加入搅拌机。

混凝土拌合物宜搅拌 2 min 以上，直至搅拌均匀。

混凝土拌合物一次搅拌量不宜少于搅拌机公称容量的 1/4，不应大于搅拌机公称容量，且不应少于 20 L。

试验室搅拌混凝土时，材料用量应以质量计。骨料的称量精度应为 ±0.5%；水泥、掺合料、水、外加剂的称量精度均应为 ±0.2%。

混凝土拌合物和
易性检测——坍
落度仪法

4. 检测步骤

坍落度法试验适用于粗骨料最大粒径不大于 40 mm、坍落度值不小于 10 mm 的混凝土拌合物和易性测定，测试时需拌和物料 20 L。

（1）用湿布润湿坍落度筒及其他用具，并把坍落度筒放在坚实的刚性水平底板中心，然后用脚踩住两边的脚踏板，使坍落度筒在装料时保持位置固定。

（2）按要求将拌好的混凝土拌合物试样用料铲分三层均匀地装入筒内，使捣实后每层试样高度为筒高的 1/3 左右。每层用捣棒插捣 25 次。插捣时应沿螺旋方向由边缘向中心进行，各次插捣应在截面上均匀分布。插捣筒边的混凝土试样时，捣棒可以稍稍倾斜；插捣底层时，捣棒应贯穿整个深度；插捣第二层和顶层时，捣棒应插透本层至下一层的表面。浇灌顶层时，应将混凝土拌合物灌至高出筒口。顶层插捣完毕后，刮去多余的混凝土拌合物并用抹刀抹平。

（3）清除筒边底板上的混凝土后，应垂直平稳地提起坍落度筒。坍落度筒的提高过程应在 3~7 s 内完成。从开始装料到提起坍落度筒的整个过程应不间断地进行，并应在150 s 内完成。

（4）提起坍落度筒后，立即量测筒高与坍落后混凝土拌合物试体最高点之间的高度差，即为该混凝土拌合物的坍落度位，测量应精确至 1 mm，结果应修约至 5 mm。

（5）坍落度筒提离后，如试体发生崩坍或一边剪坏现象，则应重新取样进行测定。如第二次仍出现这种现象，则表示该拌合物和易性不合格，应予记录备查。

（6）测定坍落度后，观察拌合物的黏聚性和保水性，并记入记录。黏聚性的检测方法为：用捣棒在已坍落的拌合物锥体侧面轻轻敲击，如果锥体逐渐下沉，表示拌合物黏聚性良好；如果锥体倒塌，部分崩裂或出现离析，即为黏聚性不好。保水性以在混凝土拌合物中稀浆析出的程度来评定。坍落度筒提起后如有较多稀浆自底部析出，部分混凝土因失浆而骨料外露，则表示保水性差。若坍落度筒提起后无稀浆或仅有少数稀浆自底部析出，则表示保水性良好。

（7）混凝土拌合物和易性评定，应按试验测定值和试验目测情况综合评议。其中，坍落度至少要测定两次，取两次的算术平均值作为最终的测定结果。两次坍落度测定值之差应不大于 20 mm。混凝土拌合物坍落度的测定如图 5-8 所示。

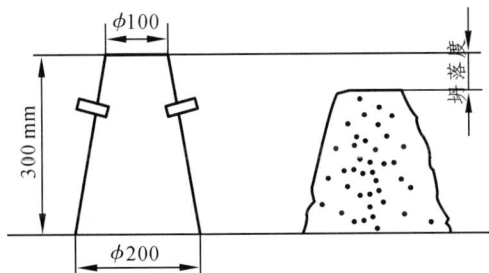

图 5-8　混凝土拌合物坍落度的测定

坍落度值越大，则混凝土流动性越大。在试验的同时，还必须观察振捣棒插捣是否困难，表面是否容易抹平，结合观察的黏聚性和保水性综合评定其工作性。实际施工时，混凝土拌合物的坍落度要根据构件截面尺寸大小、钢筋疏密和捣实方法确定，当构件截面尺寸较小、钢筋较密或采用人工捣实时，坍落度可选择大一些；反之若截面较大、钢筋较疏或采用机械振捣，则坍落度可选择小一些。

（二）维勃稠度法

1. 维勃稠度的定义

对于干硬或较干稠的新拌混凝土，坍落度试验测不出拌合物稠度变化情况，宜用维勃稠度测定流动性。维勃稠度是指标准方法成型的截头圆锥形混凝土拌合物，经振动至摊平状态的时间（s）。混凝土维勃稠度是评定混凝土流动性的指标，适用于集料公称最大粒径不超过 31.5 mm，维勃稠度为 5 ~ 30 s 的干硬性混凝土的稠度测定。

维勃稠度试验应按照《普通混凝土拌合物性能试验方法标准》（GB/T 50080—2016）中的规定进行。

2. 主要检测设备

拌盘、料铲、拌铲、搪瓷盘、烧杯、不锈钢盆、捣棒（直径为 16 mm、长 600 mm 的钢棒，端部应磨圆）、钢尺（30 cm）、抹刀、台秤（称量 100 kg、感量 50 g）、天平。

混凝土搅拌机，应符合现行行业标准《混凝土试验用搅拌机》（JG 244—2009）的规定。维勃稠度仪应符合现行行业标准《维勃稠度仪》（JG/T 250—2009）的规定，维勃稠度仪如图 5-9 所示。秒表的精度不应低于 0.1 s。

图 5-9　维勃稠度仪

3. 取样和试样的制备

试样的取样和制备应按《普通混凝土拌合物性能试验方法标准》（GB/T 50080—2016）中的规定进行。具体要求与坍落度法相同。

4. 检测步骤

该方法适用于集料公称最大粒径不超过 31.5 mm，维勃稠度为 5 ~ 30 s 的干硬性混凝土的稠度测定。采用维勃稠度仪测定的步骤如下：

（1）维勃稠度仪应放置在坚实水平面上，容器、坍落度筒内壁及其他用具应润湿无明水。

（2）喂料斗应提到坍落度筒上方扣紧，校正容器位置，应使其中心与喂料中心重合，然后拧紧固定螺钉。

（3）混凝土拌合物试样应分三层均匀地装入坍落度筒内，捣实后每层高度应约为筒高的 1/3，每装一层，应用捣棒在筒内由边缘到中心按螺旋形均匀插捣 25 次；插捣底层时，捣棒应贯穿整个深度，插捣第二层和顶层时，捣棒应插透本层至下一层的表面；顶层混凝土装料应高出筒口，插捣过程中，混凝土低于筒口时，应随时添加。

（4）顶层插捣完应将喂料斗转离，沿坍落度筒口刮平顶面，垂直地提起坍落度筒，不应使混凝土拌合物试样产生横向的扭动。

（5）将透明圆盘转到混凝土圆台体顶面，放松测杆螺钉，应使透明圆盘转至混凝土锥体上部，并下降至与混凝土顶面接触。

（6）拧紧定位螺钉，开启振动台，同时用秒表计时，当振动到透明圆盘的整个底面与水泥浆接触时，应停止计时，并关闭振动台。

秒表记录的时间应作为混凝土拌合物的维勃稠度值，精确至 1 s。维勃稠度值越小，流动性越大；维勃稠度值越大，流动性越小。

（三）扩展度法

（1）扩展度的定义。

扩展度是指混凝土拌合物坍落后扩展的直径。当坍落度大于 220 mm 时，坍落度不能准确反映混凝土的流动性，用混凝土扩展后的平均直径即坍落扩展度作为流动性的指标。该方法适用于集料公称最大粒径不超过 40 mm，坍落度不小于 160 mm 混凝土扩展度的测定。

扩展度试验应按照《普通混凝土拌合物性能试验方法标准》（GB/T 50080—2016）中的规定进行。

（2）主要仪器设备与试样准备同坍落度试验。

（3）试验步骤。

① 混凝土拌合物装料和插捣应符合坍落度试验的规定。

② 清除筒边底板上的混凝土后，应垂直平稳地提起坍落度筒，坍落度筒的提离过程一般控制在 3～7 s，当混凝土拌合物不再扩散或扩散持续时间已达 50 s 时，应使用钢尺测量混凝土拌合物展开扩展面的最大直径以及与最大直径呈垂直方向的直径。

③ 当两直径之差小于 50 mm 时，应取其算术平均值作为坍落扩展度试验结果，当两直径之差不小于 50 mm 时，应重新取样另行测定。

发现粗骨料在中央堆集或边缘有水泥浆析出，应记录说明。扩展度试验从开始装料到测得混凝土扩展度值的整个过程应连续进行，并应在 4 min 之内完成。混凝土拌合物扩展度值测量应精确至 1 mm，结果修约至 5 mm。

三、混凝土拌合物流动性的级别与选择

（一）混凝土拌合物流动性的级别

混凝土的流动性过小会给施工带来不便，影响工程质量，甚至造成工程事故；流动性过大，会使混凝土分层，造成上下不均匀。按《混凝土质量控制标准》（GB 50164—2011）的规定，塑性混凝土、干硬性混凝土分别按坍落度、维勃稠度分为五级，按扩展度分为 6 级。

（1）根据坍落度的不同，可将混凝土拌合物分为 5 级，见表 5-8。

表 5-8　混凝土拌合物的坍落度等级划分

等级	坍落度/mm	等级	坍落度/mm
S1	10～40	S4	160～210
S2	50～90	S5	≥220
S3	100～150		

（2）根据维勃稠度的不同，可将混凝土拌合物分为 5 级，见表 5-9。

表 5-9　混凝土拌合物的维勃稠度等级划分

等级	维勃稠度/s	等级	维勃稠度/s
V0	≥31	V3	10～6
V1	30～21	V4	5～3
V2	20～11		

（3）根据扩展度的不同，可将混凝土拌合物分为 6 级，见表 5-10。

表 5-10　混凝土拌合物的扩展度等级划分

等级	扩展度/mm	等级	扩展度/mm
F1	≤340	F4	490～550
F2	350～410	F5	560～620
F3	420～480	F6	≥630

（二）混凝土拌合物流动性的选择

混凝土拌合物在满足施工要求的前提下，尽可能采用较小的坍落度；泵送混凝土拌合物坍落度设计值不宜大于 180 mm。泵送高强混凝土的扩展度不宜小于 500 mm；自密实混凝土的扩展度不宜小于 600 mm。混凝土拌合物稠度允许偏差如表 5-11 所示。

表 5-11　混凝土拌合物稠度允许偏差

拌合物性能		允许偏差		
坍落度/mm	设计值	≤40	50～90	≥100
	允许偏差	±10	±20	±30
维勃稠度/s	设计值	≥11	10～6	≤5
	允许偏差	±3	±2	±1
扩展度/mm	设计值	≥350		
	允许偏差	±30		

四、影响混凝土和易性的因素

混凝土的工作性优良，则代表其流动性大、黏聚性好、保水性好。在保证施工质量的前提下，可形成均匀、密实、坚固的硬化混凝土结构，对混凝土强度和耐久性具有重要的意义。同时，具有优良和易性的商品混凝土既是泵送施工等现代化施工工艺的技术保证，也是保证混凝土施工质量的技术基础。

混凝土和易性主要受到两方面影响：自身组成材料与外界因素。具体主要有水泥浆、用水量、砂率、外加剂、矿物掺和料、环境的温度和湿度等因素，如图 5-10 所示。

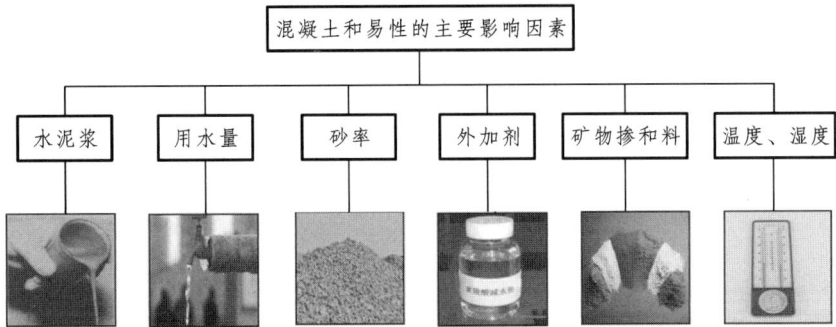

图 5-10　混凝土和易性的主要影响因素

📖 **拓展知识**

新拌混凝土的凝结时间

任务 5.3　硬化混凝土强度测定

5.3.1　任务描述

任务单

任务 3	硬化混凝土强度测定	学时	6
学习目标	1. 掌握硬化混凝土强度的概念与分类、强度的影响因素和改善措施； 2. 掌握《混凝土物理力学性能试验方法标准》（GB/T 50081—2019）混凝土抗压强度的测定试验步骤； 3. 能够根据工程需求独立完成普通混凝土抗压强度测定； 4. 会制订小组任务实施计划，组织实施后形成评价反馈； 5. 能够科学严谨地分析问题、解决问题		
任务描述	根据项目施工进度，现西安某住宅小区需要进行 3 号楼混凝土构造柱施工，混凝土强度等级为 C30，坍落度 180±20 mm，请按照《混凝土物理力学性能试验方法标准》（GB/T 50081—2019）进行该混凝土构造柱的强度检测，具体要求： 1. 根据任务制订本小组工作计划； 2. 按照配合比设计结果完成原材料称量并拌制混凝土； 3. 按照规范进行混凝土抗压强度试验，并评定结果		
资讯问题	1. 混凝土的强度有哪几类？ 2. 什么是混凝土的立方体抗压强度、轴心抗压强度和抗拉强度？ 3. 影响混凝土强度的因素有哪些？ 4. 如何提高硬化混凝土的强度？ 5. 测定混凝土强度的方法和步骤是什么？		
资讯引导	查阅书籍和相关规范、标准，利用国家、省级、校内课程资源学习。 相关规范：《混凝土物理力学性能试验方法标准》（GB/T 50081—2019）；《混凝土质量控制标准》（GB 50164—2011）		
思政资源	<div align="center">突破混凝土技术难题，中国科学家在行动</div>		

5.3.2 任务实施

实施单

任务 3	硬化混凝土强度测定		学时	6
班级			组号	
实施方式	按最佳计划，各小组成员共同完成实施工作			
试验方法				
试验设备				
试验步骤				

混凝土抗压强度检验报告

工程名称：_____

取样地点：_____   取样人：_____

主要检验设备：_____   养护条件：_____

成型日期：_____   试验日期：_____

检验依据：_____   检测环境：_____

检验结果

样品编号	工程部位	设计等级	龄期/d	试件尺寸/mm	折合成标准试件抗压强度/MPa		设计强度达成率/%
					单个值	代表值	
组长签字		教师签字			日期： 年 月 日		

5.3.3 评价反馈

教学反馈单

任务 3	硬化混凝土强度测定		学时	6
班级		学号	姓名	
调查方式	对学生知识掌握、能力培养的程度，学习与工作的方法及环境进行调查			

序号	调查内容	是	否
1	你清楚混凝土强度等级吗？		
2	你能列出硬化混凝土强度类型吗？		
3	你学会了混凝土抗压强度的检测方法吗？		
4	你能列出影响混凝土强度的因素吗？		
5	你学会如何提高混凝土的强度了吗？		
6	你对本任务的教学方式满意吗？		
7	你对本小组的学习和工作满意吗？		
8	你对教学环境适应吗？		
9	你有规范计算取值的意识吗？		

其他改进教学的建议：

本调查人签名		调查时间	年 月 日

5.3.4 任务拓展

能力提升单

任务 3	硬化混凝土强度测定		学时	6
班级		学号	姓名	
巩固强化练习	 线上答题练习			
拓展任务	工程案例： 　　本工程位于陕西省西安市丰信路与公园大街交汇处东南角,建筑总高度16层,51.33 m；主楼结构形式为剪力墙结构，设计使用年限70年，建筑结构安全等级为二级，混凝土结构环境类别为一、二a、二b；基础垫层混凝土强度等级不应低于 C15，基础混凝土抗渗等级为 P6，二层结构混凝土柱施工，要求设计强度C30，坍落度 180±20 mm。 　　任务发布： 　　请各小组同学根据给定资料，在充分调研原材料情况的前提下，选取适当的检测方法，完成该工程二层结构混凝土柱的混凝土抗折强度检测，并将结果提交			
工作过程				
组长签字		老师签字	日期：　年　月　日	

5.3.5 相关知识

一、强度的定义

（一）抗压强度与强度等级

混凝土的强度包括抗压、抗拉、抗弯、抗剪以及握裹钢筋强度等，其中抗压强度最大，工程中主要使用混凝土承受压力。混凝土的抗压强度与其他强度间有一定的相关性，可以根据抗压强度来估计其他强度值，因此混凝土的抗压强度是最重要的一项性能指标。

混凝土立方体抗压强度（f_{cu}）：根据《混凝土物理力学性能试验方法标准》（GB/T 50081—2019）规定，混凝土立方体抗压强度是指按标准方法制作的、标准尺寸为 150 mm × 150 mm × 150 mm 的立方体试件，在标准养护条件下［（20±2）°C、相对湿度为 95% 以上的标准养护室或（20±2）°C 的不流动的 Ca(OH)$_2$ 饱和溶液中］，养护到 28 d 龄期，以标准试验方法测得的抗压强度值。

《混凝土物理力学性能试验方法标准》（GB/T 50081—2019）

非标准试件为 200 mm × 200 mm × 200 mm 和 100 mm × 100 mm × 100 mm。为了使混凝土抗压强度的测试结果具有可比性，混凝土强度等级小于 C60 时，用非标准试件测得的强度值均应乘以尺寸换算系数，来换算成标准试件强度值。200 mm × 200 mm × 200 mm 试件的换算系数为 1.05，100 mm × 100 mm × 100 mm 试件的换算系数为 0.95。当混凝土强度等级大于或等于 C60 时，宜采用标准试件；使用非标准试件时，尺寸换算系数应由试验确定。需要说明的是，混凝土各种强度的测定值均与试件尺寸、试件表面状况、试验加荷速度、环境（或试件）的湿度和温度等因素有关。在进行混凝土各种强度测定时，应按《混凝土物理力学性能试验方法标准》（GB/T 50081—2019）等标准规定的条件和方法进行检测，以保证检测结果的可比性。图 5-11 为 150 mm × 150 mm × 150 mm 标准立方体试件。

图 5-11　150 mm × 150 mm × 150 mm 标准立方体试件

按《混凝土强度检验评定标准）（GB/T 50107—2010）的规定，普通混凝土的强度等级按其立方体抗压强度标准值划分为 C15、C20、C25、C30、C35、C40、C45、C50、C55、C60、C65、C70、C75、C80 共 14 个等级。"C"代表混凝土，C 后面的数字为立方体抗压强度标准值（MPa）。

（二）轴心抗压强度（f_{cp}）

确定混凝土强度等级时采用立方体试件，但在实际结构中，钢筋混凝土受压构件多为棱柱体或圆柱体。为了使测得的混凝土强度与实际情况接近，在进行钢筋混凝土受压构件（如柱子、桁架的腹杆等）计算时，都是采用混凝土的轴心抗压强度。《混凝土物理力学性能试验方法标准》（GB/T 50081—2019）规定，混凝土轴心抗压强度是指按标准方法制作的、标准尺寸为150 mm × 150 mm × 300 mm 的棱柱体试件，在标准养护条件下养护到 28 d 龄期，以标准试验方法测得的抗压强度值，如图 5-12 所示。

轴心抗压强度比同截面面积的立方体抗压强度要小，当标准立方体的抗压强度为 10 ~ 50 MPa 时，两者之间的比值为 0.7 ~ 0.8。

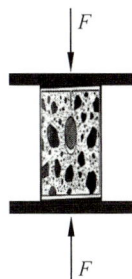

图 5-12　混凝土轴心受压示意图

（三）抗拉强度（f_f）

混凝土是脆性材料，抗拉强度很低，拉压比为 1/20 ~ 1/10，拉压比随着混凝土强度等级的提高而降低。因此，在钢筋混凝土结构设计时，不考虑混凝土承受的拉力（考虑钢筋承受的拉应力），但抗拉强度对混凝土的抗裂性具有重要作用，是结构设计时确定混凝土抗裂度的重要指标，有时也用它来间接衡量混凝土与钢筋的黏结强度。

二、影响强度的因素

（一）水泥的强度等级和水胶比的影响

水泥的强度等级和水胶比是影响混凝土强度的决定性因素，因为混凝土的强度主要取决于水泥石的强度及其与骨料间的黏结力，而水泥石的强度及其与骨料间的黏结力，又取决于水泥的强度等级和水胶比的大小。在相同配合比、相同成型工艺、相同养护条件的情况下，水泥的强度等级越高，配制的混凝土强度越高。在水泥品种、水泥强度等级不变时，混凝土在振动密实的条件下，水胶比越小，强度越高，如图 5-13 所示为水胶比与混凝土强度的关系。

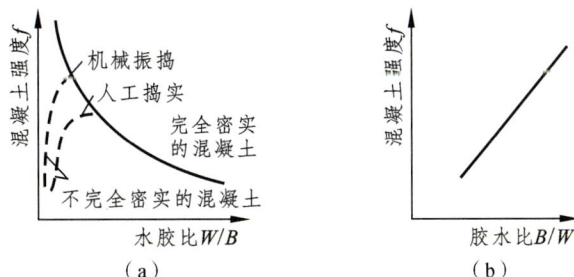

图 5-13　水胶比与混凝土强度的关系

（二）骨料的影响

骨料本身的强度一般大于水泥石的强度，对混凝土的强度影响很小。但骨料中有害杂质含量较多、级配不良均不利于混凝土强度的提高。骨料表面粗糙，则与水泥石黏结力较大，但达到同样流动性时，需水量大。随着水胶比变大，强度会降低。试验证明，水胶比小于 0.4 时，用碎石配制的混凝土比用卵石配制的混凝土强度高 30% ~ 40%，但随着水胶比的增大，两者的差异就不明显了。另外，在相同水胶比和坍落度的条件下，混凝土强度随骨灰比（骨料与胶凝材料质量之比）的增大而提高。

（三）养护温度及湿度的影响

温度及湿度对混凝土强度的影响，本质上是对水泥水化的影响。养护温度高，水泥早期水化越快，混凝土的早期强度越高。但如果混凝土早期养护温度过高（40 ℃ 以上），则会因水泥水化产物来不及扩散而使混凝土后期强度降低。当温度在 0 ℃ 以下时，水泥水化反应停止，混凝土强度停止发展。这时还会因为混凝土中的水结冰产生体积膨胀，对混凝土产生相当大的膨胀压力，使混凝土结构破坏，强度降低。

湿度是决定水泥能否正常进行水化作用的必要条件。浇筑后的混凝土所处的环境湿度适宜，水泥的水化反应将顺利进行，混凝土强度得以充分发展。若环境湿度较低，则水泥不能正常进行水化作用，甚至停止水化，混凝土强度将严重降低或停止发展。图 5-14 所示为湿度对混凝土强度的影响。

（四）外加剂和掺合料

混凝土中加入外加剂可按要求改变混凝土的强度及强度发展规律，如掺入减水剂可减少拌合用水量，提高混凝土强度；如掺入早强剂可提高混凝土早期强度，但对其后期强度发展无明显影响；超细掺合料可配制高性能、超高强度的混凝土。

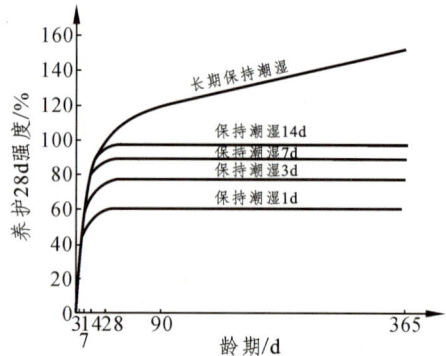

图 5-14　湿度对混凝土强度的影响

三、提高强度的措施

（一）采用高强度等级水泥或快硬早强型水泥

采用高强度等级水泥，可提高混凝土 28 d 强度，早期强度也可获得提高；采用快硬早强水泥或早强型水泥，可提高混凝土的早期强度，但对后期强度和抗裂性可能会产生不利影响。

（二）采用干硬性混凝土或较小的水灰比

干硬性混凝土的用水量小，即水灰比小，因而硬化后混凝土的密实度高，故可显著提高混凝土的强度。但干硬性混凝土在成型时需要较大、较强的振动设备，适合在预制厂使用，在现浇混凝土工程中一般无法使用。采用碾压施工时，可选用干硬性混凝土。

（三）采用级配好、质量高、粒径适宜的骨料

级配好，泥、泥块等有害杂质少，以及针、片状颗粒含量较少的粗、细骨料，有利于降低水灰比，可提高混凝土的强度。对中低强度的混凝土，应采用粒径较大的粗骨料；对高强混凝土，则应采用最大粒径较小的粗骨料，同时应采用较粗的细骨料。

（四）采用机械搅拌和机械振动成型

采用机械搅拌和机械振动成型，在降低水灰比的情况下，能保证混凝土密实成型。在低水灰比情况下，效果尤为显著。

（五）加强养护

混凝土在成型后，应及时进行养护以保证水泥能正常水化与凝结硬化。对自然养护的混凝土，应保证一定的温度与湿度。同时，应特别注意混凝土的早期养护，即在养护初期必须保证有较高的湿度，并应防止混凝土早期受冻。采用湿热处理，可提高混凝土的早期强度，可根据水泥品种对高温养护的适应性和对早期强度的要求，选择适宜的高温养护温度。

（六）掺加化学外加剂

掺加减水剂，特别是高效减水剂，可大幅度降低用水量和水灰比，使混凝土的 28 d 强度显著提高，还能提高混凝土的早期强度；掺加早强剂可显著提高早期强度。

（七）掺加混凝土矿物掺合料

细度大的活性矿物掺合料，如硅灰、粉煤灰、矿渣粉等可填充混凝土毛细孔，提高混凝土的密实度，从而提高强度，特别是硅灰已经成为配制高强、超高强混凝土必不可少的组成材料。

特殊情况下，可掺加合成树脂或合成树脂乳液，这对提高混凝土的强度及其他性能十分有利。

四、混凝土抗压强度检测

（一）试验目的

测定混凝土立方体的抗压强度，作为评定混凝土质量的主要依据。

（二）试验设备

1. 试　模

100 mm × 100 mm × 100 mm、150 mm × 150 mm × 150 mm、200 mm × 200 mm × 200 mm 三种试模。应定期对试模进行自检，自检周期宜为三个月。

2. 振动台

振动台应符合《混凝土试验用振动台》（JG/T 245—2009）中技术要求的规定，并应具有有效期内的计量检定证书。

3. 压力试验机

压力试验机除满足液压式压力试验机中的技术要求外，其测量精度应为±1%，试件破坏荷载应大于压力机全量程的20%，且小于压力机全量程的80%，并具有加荷速度指示装置或加荷控制装置，能均匀、连续地加荷。压力机应具有有效期内的计量检定证书。图5-15所示为油电混合伺服压力试验机。

图 5-15　油电混合伺服压力试验机

（三）试件的养护

试件的养护方法有标准养护和与构件同条件养护两种方法：

（1）采用标准养护的试件成型后应立即用不透水的薄膜覆盖表面，在温度为（20±5）℃的环境中静置1~2个昼夜，然后编号拆模。拆模后立即放入温度为（20±2）℃、相对湿度为95%以上的标准养护室中养护，或在温度为（20±2）℃的不流动的 $Ca(OH)_2$ 中养护。养护试件应放在支架上，间隔10~20 mm，试件表面应保持潮湿，并不得被水直接冲淋，至试验龄期28 d。

（2）同条件养护试件的拆模时间可与实际构件的拆模时间相同，拆模后，试件仍需保持同条件养护。

（四）抗压强度的测定

（1）试件从养护地点取出后，应及时进行试验并将试件表面与上下承压板面擦干净。

（2）将试件安放在试验机的下压板或垫板上，试件的承压面应与成型时的顶面垂直。试件的中心应与试验机下压板的中心对准，开动试验机，当上压板与试件或钢垫板接近时，调整球座，使其接触均衡。

（3）在试验过程中应连续均匀地加荷，当混凝土强度等级小于 C30 时，加荷速度取每秒钟 0.3~0.5 MPa；当混凝土强度等级大于 C30 且小于 C60 时，取每秒钟 0.5~0.8 MPa；当混凝土强度等级大于 C60 时，取每秒钟 0.8~1.0 MPa。

（4）当试件接近破坏开始急剧变形时，应停止调整试验机油门，直至破坏，并记录破坏荷载。

（五）结果计算与评定

1. 混凝土立方体抗压强度计算

混凝土立方体抗压强度按照下式计算：

$$f = \frac{F}{A}$$

式中　f——混凝土立方体试件抗压强度（MPa），精确至 0.1 MPa；

　　　F——试件破坏荷载（N）；

　　　A——试件承压面积（mm^2）。

2. 评　定

（1）以三个试件测定值的算术平均值作为该组试件的强度值，精确至 0.1 MPa。

（2）三个测定值中的最大值或最小值中如有一个与中间值的差值超过中间值的 15% 时，则把最大及最小值一并舍去，取中间值作为该组试件的抗压强度值。

（3）如最大值和最小值与中间值的差值均超过中间值的 15%，则该组试件的试验结果无效。

（4）当混凝土强度等级小于 C60 时，用非标准试件测得的强度值均应乘以尺寸换算系数，其值为：对 200 mm×200 mm×200 mm 试件为 1.05；对 100 mm×100 mm×100 mm 试件为 0.95。当混凝土强度等级不小于 C60 时，宜采用标准试件，使用非标准试件时，尺寸换算系数应由试验确定。非标准试件强度换算系数见表 5-12。

表 5-12　非标准试件强度换算系数

试件尺寸/mm	骨料最大粒径/mm	强度换算系数
100×100×100	31.5	0.95
150×150×150	40	1
200×200×200	63	1.05

"家国情怀"——全球最棒桥梁

拓展知识

硬化混凝土的耐久性

《混凝土结构设计规范》（GB 50010—2010）

混凝土的碳化反应

项目 6

砂浆的制备与检测

项目目标

知识目标：

1. 掌握砂浆的组成与种类；
2. 掌握砂浆的主要技术性能指标；
3. 掌握砂浆配合比设计的基本步骤；
4. 了解各类砂浆的性能及应用。

能力目标：

1. 能按照施工要求进行砂浆配合比设计；
2. 能按照规范进行砂浆主要技术性能的检测；
3. 能按照工程要求合理选用各类砂浆。

素质目标：

1. 培养沟通协调、团队合作的能力；
2. 培养吃苦耐劳、精细规范的品格；
3. 培养精益求精、严谨细致的职业精神。

项目任务

本项目选自某大公馆，项目地址位于西安市高新区。项目总占地面积 28 154.0 m²，总建筑面积 191 510.1 m²。项目包括 1 栋 34 层高层住宅，建筑高度为 98.000 m；1 栋 42 层超高层住宅，建筑高度为 129.000 m；3 栋 48 层超高层住宅，建筑高度为 148.800 m；2 栋 2 层商业楼，以及若干商业裙楼和 2 层整体地下室。基础形式：主楼为钻孔灌注桩（后注浆），裙楼采用柱下独立基础＋墙下条形基础。结构形式：主楼为剪力墙结构，商业楼和裙楼为框架结构，建筑设计使用年限 50 年，建筑耐火等级为一级，抗震设防烈度为 6 度，建筑防火等级为一类。工程使用的主要结构材料有混凝土、钢筋、水泥砂浆、蒸压灰砂普通砖、加气混凝土砌块等。

现该工程地上部分砌体工程施工采用加气精准砌块，规格为同墙厚模数。顶部预留间隙为 10~20 mm，填塞泡沫棒再双面打发泡剂密封。建筑主要材料为加气混凝土砌块、聚合物水泥抗裂砂浆、水泥石灰混合砂浆等。本项目需要对砂浆进行强度和安定性检测。请根据相关标准和规范进行砂浆的配制和性能的检测，填写检测记录表，为工程质量提供保障。

任务 6.1 砂浆的制备

6.1.1 任务描述

任务单

任务 1	砂浆的制备	学时	4
学习目标	1. 掌握砌筑砂浆的组成； 2. 掌握砌筑砂浆的主要技术性质； 3. 能够按照施工要求独立进行砂浆的配合比设计； 4. 培养细致严谨的科学态度和吃苦耐劳的品格		
任务描述	根据项目施工进度，现地上部分砌体工程施工需要设计用于砌筑砖墙的 M7.5 等级、稠度 70~100 mm 的水泥石灰混合砂浆配合比。设计资料如下：42.5 级普通硅酸盐水泥；石灰膏稠度 120 mm；中砂，堆积密度 1 450 kg/m³，含水率为 2%；施工管理水平一般。请进行砌筑砂浆的配合比设计，具体要求： 1. 按照规范完成配合比设计； 2. 填写配合比设计记录表		
资讯问题	1. 什么是砂浆？砌筑砂浆的主要组成材料有哪些？ 2. 砌筑砂浆的主要技术性质是什么？ 3. 什么是砂浆的和易性？ 4. 砌筑砂浆在砌体结构中的主要作用是什么？ 5. 砂浆的配合比设计步骤是什么？		
资讯引导	查阅书籍和相关规范、标准，利用国家、省级、校内课程资源学习。 相关规范：《砌筑砂浆配合比设计规程》(JGJ/T 98—2011)；《砌体工程施工质量验收规范》(GB 50203—2011)；《砌体工程现场检测技术标准》(GB/T 50315—2011)		
思政资源	湖南长沙"4·29"特别重大居民自建房倒塌事故调查		

6.1.2　任务实施

实施单

任务 1	砂浆的制备		学时	4
班级			组号	
实施方式	按最佳计划，各小组成员共同完成实施工作			
设计要求	按照任务单描述的实际工程进行配合比设计			
配合比 设计步骤				
组长签字		教师签字		日期：　年　月　日

6.1.3　评价反馈

教学反馈单

任务 1	砂浆的制备		学时	4
班级		学号	姓名	
调查方式	对学生知识掌握、能力培养的程度，学习与工作的方法及环境进行调查			

序号	调查内容	是	否
1	你清楚砂浆的定义吗？		
2	你了解砂浆的组成材料及其作用吗？		
3	你能根据设计要求进行砂浆的配合比设计吗？		
4	你掌握了现场配制水泥砂浆或水泥混合砂浆应符合的规定吗？		
5	你了解砂浆试配与调整的步骤与要求吗？		
6	你对本任务的教学方式满意吗？		
7	你对本小组的学习和工作满意吗？		
8	你对教学环境适应吗？		
9	你有规范计算取值的意识吗？		

其他改进教学的建议．

本调查人签名		调查时间	年　月　日

6.1.4 任务拓展

能力提升单

任务1	砂浆的制备			学时	4
班级		学号		姓名	
巩固强化练习	<div align="center">线上答题练习</div>				
拓展任务	工程案例： 　某砌筑工程，砌围墙采用水泥石灰混合砂浆，要求设计用于砌筑砖墙的水泥混合砂浆配合比。设计强度等级为 M5.0，稠度为 70～90 mm。所用原材料为 32.5 级矿渣硅酸盐水泥；中砂，堆积密度为 1 450 kg/m³，含水率为 2%；石灰膏，稠度为 120 mm；施工水平一般。 任务发布： 　请各小组同学根据给定资料，在已掌握的砂浆配合比设计基本步骤的基础上进行配合比设计，并将计算过程及结果提交				
工作过程					
组长签字		老师签字		日期： 年 月 日	

180

6.1.5　相关知识

建筑砂浆是由胶凝材料、细骨料、掺合料和水配制而成的建筑工程材料，主要起黏结、垫衬和传递应力的作用。

建筑砂浆主要用于以下几方面：在结构工程中，用于把单块砖、石、砌块等胶结起来构成砌体，用于砖墙的勾缝、大中型墙板及各种构件的接缝；在装饰工程中用于墙面、地面及梁、柱等结构表面的抹灰，镶嵌天然石材、瓷砖、陶瓷锦砖、马赛克等。

根据所用胶凝材料的不同，建筑砂浆可分为水泥砂浆、石灰砂浆和混合砂浆；根据用途又可以分为砌筑砂浆、抹面砂浆、防水砂浆和特种砂浆等。

一、砌筑砂浆

（一）砌筑砂浆的分类

砌筑砂浆——将砖、石、砌块等黏结成砌体的砂浆。通常砂浆可分为现场配制砂浆和预拌砂浆两种。

1. 现场配制砂浆

现场配制砂浆是指根据设计和施工具体要求，在现场取料、现场拌制并使用的砂浆，又可分为水泥砂浆和水泥混合砂浆。

2. 预拌砂浆

（1）预拌湿砂浆（湿拌砂浆）。

预拌湿砂浆是指由水泥、细集料、保水增稠材料、外加剂和水以及根据需要掺入的矿物掺合料（如粉煤灰）等组分按一定比例，在集中搅拌站（厂）经计量、拌制后，用搅拌运输车运至使用地点，放入封闭容器储存，并在规定时间内使用完毕的砂浆拌合物。

（2）干粉砂浆（干混砂浆）。

干粉砂浆又称砂浆干粉（混）料，是指由专业生产厂家生产的，经干燥筛分处理的细骨料与水泥、保水增稠材料以及根据需要掺入的外加剂、矿物掺合料（如粉煤灰）等组分按一定比例，在专业生产厂混合而成的固态混合物，在使用地点按规定比例加水或与配套液体拌合使用的砂浆。

（二）砌筑砂浆的组成材料

1. 胶凝材料

（1）水泥。

水泥品种和强度等级需根据砂浆的强度等级确定。M15及以下强度等级的砌筑砂浆宜选用32.5级的通用硅酸盐水泥或砌筑水泥；M15以上强度等级的砌筑砂浆宜选用42.5级通用硅酸盐水泥。

（2）石灰膏。

为了提高砂浆的和易性，通常掺入生石灰或生石灰粉。为了保证砂浆质量，使用前必须将生石灰、生石灰粉熟化成石灰膏，要求膏体稠度为（120±5）mm，并经 3 mm × 3 mm 的筛网过滤。

2. 集　料

（1）天然砂：符合《普通混凝土用砂、石质量及检验方法标准》（JGJ 52—2006）的规定，且应全部通过 4.75 mm 的筛。

（2）石砌体用砂：最大粒径应为砂浆层厚度的 1/5 ~ 1/4。

（3）砖砌体：砂细度模数在 2.3 ~ 3.0 间的中砂，粒级小于 2.36 mm。

砂的含泥量过大，不但会增加砂浆的水泥用量，还会使砂浆的和易性变差，硬化后的收缩值增大，耐久性降低。

3. 水

砂浆用水与混凝土相同。未经试验检测的非洁净水、生活污水、工业废水等均不准用于配制和养护砂浆。

4. 掺和材料和外加剂

（1）掺和材料：粉煤灰、粒化高炉矿渣粉、电石膏等。质量要求与掺入水泥混凝土中的掺和材料相同。

（2）外加剂：品种和掺量须通过试验确定。例如砂浆中掺入的 100% 纯度的微沫剂量宜为水泥用量的 0.5×10^{-4} ~ 1.0×10^{-4}。

5. 保水增稠材料

保水增稠材料常用的是非石灰类物质，主要用于预拌砂浆，改善预拌砂浆的施工和易性和保水性能。

（三）砌筑砂浆的技术性质（JGJ/T 70—2009）

1. 砌筑砂浆的表观密度

砌筑砂浆的表观密度应满足表 6-1 的要求。

表 6-1　砌筑砂浆的表观密度

砂浆种类	表观密度/（kg/m³）
水泥砂浆	≥1 900
水泥混合砂浆	≥1 800
预拌砌筑砂浆	≥1 800

2. 和易性

砂浆和易性是指易于施工操作并能保证砌筑质量的性质，包括流动性和保水性。

（1）流动性。

流动性也叫稠度，是指新拌砂浆在自重或外力作用下流动的性能，以沉入度（mm）表示，用砂浆稠度仪测定。沉入度值越大，砂浆越稀，流动性越大。

主要影响因素：胶凝材料的品种与数量、掺合材料的品种与数量、砂子的粗细与级配、用水量及搅拌时间等。当其他材料确定后，稠度主要取决于用水量，施工中常以用水量的多少来控制砂浆的稠度。砂浆流动性可按表6-2选用。

表6-2　砌筑砂浆的施工稠度　　　　　　　　单位：mm

砌体种类	砂浆稠度/mm
烧结普通砖、粉煤灰砖砌体	70～90
混凝土砖砌体、普通混凝土小型空心砌块砌体、灰砂砖砌体	50～70
烧结多孔砖砌体、烧结空心砖砌体、轻集料混凝土小型空心砌块砌体	60～80
石砌体	30～50

（2）分层度。

砂浆的稳定性用砂浆分层度仪测量。分层度越大，砂浆保水性越差；分层度过小或接近于零，砂浆反而容易干裂，使强度降低。一般砂浆的分层度以在1～2 cm之间为宜。

（3）保水性。

砂浆的保水性是指新拌砂浆保持其内部水分的性能。保水性不好，砂浆在运输、停放、砌筑过程中，水分不容易保留住，不易铺抹成均匀的薄层，降低砂浆与砌体间的黏结力，破坏砌体结构的整体性。

砂浆的保水性用保水率表示，保水率值越大，表示砂浆保持水分的能力越强，砌筑砂浆的保水率见表6-3。

表6-3　砌筑砂浆的保水率（JGJ/T 98—2010）

砂浆种类	保水率/%
水泥砂浆	≥80
水泥混合砂浆	≥84
预拌砌筑砂浆	≥88

砌筑砂浆中的水泥、石灰膏和电石膏等材料的用量可按表6-4选用。

表6-4　砌筑砂浆的胶凝材料和掺合材料用量

砂浆种类	1 m³砂浆的材料用量/kg	材料种类
水泥砂浆	≥200	水泥
水泥混合砂浆	≥350	水泥和石灰膏、电石膏等材料总量
预拌砌筑砂浆	≥200	胶凝材料包括水泥、粉煤灰等所有活性矿物掺合材料

3. 强　　度

工程上常以抗压强度作为砂浆的主要技术指标。

砂浆的抗压强度等级，是以边长为70.7 mm的立方体试块，在标准养护条件下（温度为20 ℃±2 ℃，相对湿度为90%以上），用标准试验方法测得28 d龄期的抗压强度值确定的。

《砌筑砂浆配合比设计规程》（JGJ/T 98—2010）规定，水泥砂浆及预拌砌筑砂浆的强度等级分为 M30、M25、M20、M15、M10、M7.5、M5 共 7 个强度等级；水泥混合砂浆的强度等级分为 M15、M10、M7.5、M5 共 4 个等级。

（1）砌石砂浆。

砌石砂浆是指摊铺在密实不吸水的基底上的砂浆。砌石砂浆的强度主要取决于水泥强度和水胶比的大小。

（2）砌砖砂浆。

砌砖砂浆是指摊铺在多孔吸水的基底上的砂浆。虽然砂浆具有一定的保水性，但因基底材料吸水能力强，砂浆中一部分水分被吸走，此时砂浆的强度主要取决于水泥强度和用水量。

4. 黏结力

砂浆的黏结力是指砂浆与砌体材料间黏结强度的大小。通常，砂浆的强度等级越高，黏结力越大；在良好的养护条件下，表面粗糙、洁净、湿润状态良好的砌块与砂浆间的黏结力较大。

（四）砌筑砂浆的配合比设计

砌筑砂浆的配合比——现场拌制的砂浆配合比设计＋预拌砂浆配合比设计。工程中使用的砂浆多是现场拌制的砂浆。砌筑砂浆的配合比应根据原材料的性能、砂浆的技术要求、块体的种类及施工条件等确定。

方法一：通过查有关资料、手册等选择砂浆的配合比。

方法二：对重要工程用砂浆或无参考资料时，可根据《砌筑砂浆配合比设计规程》（JGJ/T 98—2010）规定的配合比确定方法，通过计算、试拌调整的方式确定。

1. 砌筑砂浆配合比的基本要求

（1）满足砂浆和易性及拌合物表观密度要求。砌筑砂浆的稠度应满足表 6-2 的要求；表观密度应满足表 6-1 的要求；保水率应满足表 6-3 的要求。

（2）砌筑砂浆的强度应满足设计要求。耐久性应满足工程使用环境要求，具有抗冻性要求的砌体工程，砌筑砂浆应进行冻融试验，其冻融循环次数应满足表 6-5 的要求。当设计对抗冻性有明确要求时，还应符合设计规定。

表 6-5　砌筑砂浆的抗冻性（JGJ 98—2010）

使用条件	抗冻指标	质量损失率/%	抗压强度损失率/%
夏热冬暖地区	F15	≤5	≤25
夏热冬冷地区	F25		
寒冷地区	F35		
严寒地区	F50		

（3）砂浆应满足经济性要求。合理选择原材料，在满足技术性质要求的前提下，尽量减少水泥和掺合材料的使用量。

2. 现场配制砌筑砂浆的初步配合比确定

（1）水泥混合砂浆初步配合比设计。

① 计算砂浆的试配强度 $f_{m,0}$（MPa）：

$$f_{m,0} = kf_2 \qquad (6\text{-}1)$$

式中　$f_{m,0}$——砂浆的试配强度，单位为 MPa，精确至 0.1 MPa；

　　　　f_2——砂浆设计强度，即砂浆强度等级值，单位为 MPa，精确至 0.1 MPa；

　　　　k——系数，按表 6-6 中的规定选用。

表 6-6　砂浆强度标准差 σ 选用值

施工水平	砂浆强度标准差 σ / MPa							k
	强度等级							
	M5.0	M7.5	M10	M15	M20	M25	M30	
优良	1.00	1.50	2.00	3.00	4.00	5.00	6.00	1.15
一般	1.25	1.88	2.50	3.75	5.00	6.25	7.50	1.20
较差	1.50	2.25	3.00	4.50	6.00	7.50	9.00	1.25

② 砂浆强度标准差的确定。

当无统计资料时，砂浆强度标准差按表 6-6 选用。当有统计资料时，按式（6-2）计算：

$$\sigma = \sqrt{\frac{\sum_{i=1}^{n} f_{mi}^2 - n\mu_{fm}^2}{n-1}} \qquad (6\text{-}2)$$

式中　n——统计周期内同一品种砂浆试件的总组数，$n \geqslant 25$；

　　　　f_{mi}——统计周期内同一品种砂浆第 i 组试件的强度，单位为 MPa，精确到 0.1 MPa；

　　　　μ_{fm}——统计周期内同一品种砂浆 n 组试件的强度平均值，单位为 MPa，精确到 0.1 MPa；

　　　　σ——混凝土强度标准差，单位为 MPa，精确到 0.1 MPa。

③ 计算每立方米砂浆中的水泥用量。

每立方米砂浆中的水泥用量按式（6-3）计算：

$$Q_c = \frac{1\,000(f_{m,0} - \beta)}{\alpha \cdot f_{ce}} \qquad (6\text{-}3)$$

式中　Q_c——每立方米砂浆的水泥用量，单位为 kg，精确至 0.1 kg；

　　　　$f_{m,0}$——砂浆的试配强度，单位为 MPa，精确至 0.1 MPa；

　　　　f_{ce}——水泥的实测强度，单位为 MPa，精确至 0.1 MPa；

在无法取得水泥实测强度时，可按式 $f_{ce} = \gamma_c f_{ce,k}$ 计算。

　　　　$f_{ce,k}$——水泥强度等级值，单位为 MPa；

γ_c——水泥强度等级值的富余系数，宜按实际统计资料确定，无统计资料时可取 1.0；

α、β——砂浆的特征系数，通常取 $\alpha = 3.03$，$\beta = -15.09$。

④ 计算每立方米砂浆中的石灰膏用量。

每立方米砂浆中的石灰膏用量按式（6-4）计算：

$$Q_D = Q_A - Q_C \tag{6-4}$$

式中 Q_D——每立方米砂浆的石灰膏用量，单位为 kg，精确至 1 kg；

Q_C——每立方米砂浆的水泥用量，单位为 kg，精确至 1 kg；

Q_A——每立方米砂浆中胶凝材料和石灰膏总量，单位为 kg，精确至 1 kg。

《砌筑砂浆配合比设计规程》（JG/T 98—2010）中规定，石灰膏的稠度一般为 120 mm ±5 mm，若稠度不在规定范围内，按照表 6-7 的换算系数进行换算。

表 6-7　石灰膏不同稠度时的换算系数

稠度/mm	120	110	100	90	80	70	60	50	40	30
换算系数	1.00	0.99	0.97	0.95	0.93	0.92	0.90	0.88	0.87	0.86

⑤ 计算每立方米砂浆的砂用量 Q_S（kg）。

每立方米砂浆中的砂子用量，应以干燥状态（含水率小于 0.5%）的堆积密度值作为计算值，单位以 kg/m³ 计。

⑥ 确定每立方米砂浆的用水量。

每立方米砂浆中的用水量，可根据砂浆稠度等要求确定，一般选择为 210～310 kg。

（2）现场配制的水泥砂浆的试配规定。

① 水泥砂浆的材料用量应满足表 6-8 中的要求。

表 6-8　每立方米水泥砂浆材料用量参考

强度等级	水泥用量/kg	砂子用量/kg	用水量/kg
M5	200～230		
M7.5	230～260		
M10	260～290		
M15	290～330	砂的堆积密度值	270～330
M20	340～400		
M25	360～410		
M30	430～480		

实际施工中，以表 6-8 的规定为依据，具体还应综合考虑砂的粗细程度、砂浆稠度和施工气候温度等实际情况，适当增减用水量。

② 水泥粉煤灰砂浆材料用量参考表 6-9 选用。

表 6-9　每立方米水泥粉煤灰混合砂浆各种材料用量参考

强度等级	水泥和粉煤灰用量/kg	粉煤灰/kg	砂子用量/kg	用水量/kg
M5	210～240	粉煤灰掺量可占胶凝材料总量的15%～25%	砂的堆积密度值	270～330
M7.5	240～270			
M10	270～300			
M15	300～330			

（五）砌筑砂浆的试配与调整

现场配制的水泥砂浆应符合下列规定：

1. 水泥砂浆的材料用量（可按表 6-10 选用）

表 6-10　每立方米水泥砂浆的材料用量

强度等级	水泥/kg	砂/kg	用水量/kg
M5	200～230	砂的堆积密度值	270～330
M7.5	230～260		
M10	260～290		
M15	290～330		
M20	340～400		
M25	360～410		
M30	430～480		

注：① M15 及 M15 以下强度等级的水泥砂浆，水泥强度等级为 32.5 级；M15 以上强度等级的水泥砂浆，水泥强度等级为 42.5；
　　② 当采用细砂或粗砂时，用水量分别取上限或下限；
　　③ 稠度小于 70 mm 时，用水量可小于下限；
　　④ 施工现场气候炎热或干燥季节，可酌情增加用水量；
　　⑤ 试配强度应按公式（6-1）计算。

2. 水泥粉煤灰砂浆材料用量（可按表 6-11 选用）

表 6-11　每立方米水泥粉煤灰砂浆材料用量

强度等级	水泥和粉煤灰总量/kg	粉煤灰/kg	砂/kg	用水量/kg
M5	210～240	粉煤灰掺量可占胶凝材料总量的15%～20%	砂的堆积密度值	270～330
M7.5	240～270			
M10	270～300			
M15	300～330			

注：① 表中水泥强度等级为 32.5 级；
　　② 当采用细砂或粗砂时，用水量分别取上限或下限；
　　③ 稠度小于 70 mm 时，用水量可小于下限；
　　④ 施工现场气候炎热或干燥季节，可酌情增加用水量；
　　⑤ 试配强度应按公式（6-1）计算。

3. 预拌砌筑砂浆应满足的规定

（1）在确定湿拌砂浆稠度时应考虑砂浆在运输和储存过程中的稠度损失。

（2）湿拌砂浆应根据凝结时间要求确定外加剂掺量。

（3）干混砂浆应明确拌制时的加水量范围。

（4）预拌砂浆的搅拌、运输、储存等应符合现行行业标准《预拌砂浆》（JG/T 230—2007）的规定。

（5）预拌砂浆性能应符合现行行业标准《预拌砂浆》（JG/T 230—2007）的规定。

此外，因在运输过程中湿拌砂浆稠度会有所降低，为保证施工性能，生产时应对其损失有充分考虑；为保证不同的湿拌砂浆凝结时间的需要，应根据要求确定外加剂掺量；不同材料的需水量不同，因此，生产厂家应根据配制结果，明确干混砂浆的加水量范围，以保证其施工性能；对预拌砂浆的搅拌、运输、储存提出要求。

根据相关标准对干混砌筑砂浆、湿拌砌筑砂浆性能进行了规定，预拌砂浆性能应按表 6-12 确定。

表 6-12 预拌砂浆性能

项　　目	干混砌筑砂浆	湿拌砌筑砂浆
强度等级	M5、M7.5、M10、M15、M20、M25、M30	M5、M7.5、M10、M15、M20、M25、M30
稠度/mm	—	50、70、90
凝结时间/h	3～8	≥8、≥12、≥24
保水率/%	≥88	≥88

4. 预拌砂浆的试配应满足的规定

（1）预拌砂浆生产前应进行试配，试配强度应按计算确定，试配时稠度取 70～80 mm。

（2）预拌砂浆中可掺入保水增稠材料、外加剂等，掺量应经试配后确定。

5. 砌筑砂浆配合比试配、调整与确定

砌筑砂浆试配时应考虑工程实际要求，试配时应采用机械搅拌。搅拌时间应自开始加水算起，并应符合下列规定：

（1）对水泥砂浆和水泥混合砂浆，搅拌时间不得少于 120 s。

（2）对预拌砂浆和掺有粉煤灰、外加剂、保水增稠材料等的砂浆，搅拌时间不得少于 180 s。

按计算或查表所得配合比进行试拌时，应按现行行业标准《建筑砂浆基本性能试验方法标准》（JGJ/T 70—2009）测定砌筑砂浆拌合物的稠度和保水率。当稠度和保水率不能满足要求时，应调整材料用量，直到符合要求为止。

试配时至少应采用 3 个不同的配合比，其中 1 个配合比应为按本规程得出的基准配合比，其余 2 个配合比的水泥用量应按基准配合比分别增加及减少 10%。在保证稠度、保水率合格的条件下，可将用水量、石灰膏、保水增稠材料或粉煤灰等活性掺合料用量做相应调整。为了满足砂浆试配强度的要求，所以使用至少 3 个水泥用量，除基准配合比外，另外增、减 10% 的水泥用量，制作试件，测定其强度。因现行行业标准《建筑砂浆基本性能试验方法标准》（JGJ/T 70—2009）将砂浆抗压强度试件底模改为钢底模，砂浆稠度对强度的影响很大，稠度大，用水量多，强度低，因此，在满足施工要求的情况下，试配时稠度尽可能取下限，这样得到的试块强度与砖底模更接近。

砂浆试配时稠度应满足施工要求，并应按现行行业标准《建筑砂浆基本性能试验方法标准》（JGJ/T 70—2009）分别测定不同配合比砂浆的表观密度及强度；并应选定符合试配强度及和易性要求、水泥用量最低的配合比作为砂浆的试配配合比。

因强度试验所用底模改为钢底模，为减少两种底模材料做出的强度差值，试配时稠度尽量取最小值，且应选择符合强度要求的、水泥用量最低的砂浆配合比。

6. 砂浆试配配合比还应按下列步骤进行校正

（1）应根据计算确定的砂浆配合比材料用量，按下式计算砂浆的理论表观密度值：

$$\rho_t = Q_C + Q_D + Q_S + Q_W$$

式中　　ρ_t——砂浆的理论表观密度值（kg/m³），精确至 10 kg/m³。

（2）应按下式计算砂浆配合比校正系数：

$$\delta = \rho_c / \rho_t$$

式中　　ρ_c——砂浆的实测表观密度值（kg/m³），精确至 10 kg/m³。

（3）当砂浆的实测表观密度值与理论表观密度值之差的绝对值不超过理论值的 2% 时，可将试配配合比确定为砂浆的设计配合比；当超过 2% 时，应将试配配合比中每项材料用量均乘以校正系数（δ）后，确定为砂浆的设计配合比。

（4）预拌砂浆生产前应进行试配、调整与确定，并应符合现行行业标准《预拌砂浆》（JG/T 230—2007）的规定。

（六）砌筑砂浆配合比设计实例

用于砌筑某烧结空心砖墙的水泥混合砂浆，要求的强度等级为 M7.5；施工稠度为 70～100 mm；使用 32.5 级的矿渣水泥；河砂，中砂，堆积密度为 1 450 kg/m³，含水率为 3%；石灰膏稠度为 110 mm；自来水；施工水平一般。计算砌筑砂浆的初步配合比。

【解析】① 计算试配强度 $f_{m,0}$。

$$f_{m,0} = k f_2$$

由于施工水平一般，且配制强度为 7.5 MPa，查表 6-6，$k = 1.20$；故 $f_{m,0} = 1.20 \times 7.5 = 9.0$ MPa。

② 计算水泥用量 Q_C。

$$Q_C = \frac{1\,000(f_{m,0} - \beta)}{\alpha f_{ce}}$$

将 $\alpha = 3.03$，$\beta = -15.09$，$f_{ce} = 32.5$ MPa（水泥富余系数 $\gamma_c = 1.0$）代入，得

$$Q_C = \frac{1\,000 \times (9.0 + 15.09)}{3.03 \times 32.5} = 245 \text{ kg/m}^3$$

③ 计算石灰膏用量 Q_D。

$$Q_D = Q_A - Q_C$$

$$Q_A = 350 \text{ kg/m}^3 （在 300 \sim 350 \text{ kg/m}^3 之间选用）$$

$$Q_D = 350 - 245 = 105 \text{ kg/m}^3$$

石灰膏稠度 110 mm 换算成 120 mm，查表得：$105 \times 0.99 = 104 \text{ kg/m}^3$。

④ 根据砂子的堆积密度和含水率，计算用砂量 Q_S。

$$Q_S = 1\,450 \times (1 + 3\%) = 1\,494 \text{ kg/m}^3$$

⑤ 根据规定，选择用水量为 300 kg/m³。扣除湿砂所含的水量，则拌合用水量为：

$$Q_W = 300 - 1\,450 \times 3\% = 256 \text{ kg}$$

砂浆试配时各材料的用量比例为：

水泥：石灰膏：砂：水 = 245：104：1 494：256 = 1：0.42：6.09：1.04。

二、抹面砂浆和特种砂浆

（一）抹面砂浆

抹面砂浆是以薄层涂抹于建筑物或构筑物表面的砂浆，也称抹灰砂浆。

1. 普通抹面砂浆

普通抹面砂浆为建筑工程中使用量最大的抹面砂浆。抹面砂浆通常分为两层（底层和面层）或三层（底层、中层和面层）进行施工，不同施工层的砂浆稠度应满足表 6-13 的要求。

表 6-13　抹面砂浆稠度及集料最大粒径要求

抹面砂浆的层次	沉入度/ mm	砂的最大粒径/ mm
底层	100 ~ 120	2.36
中层	70 ~ 90	2.6
面层	70 ~ 80	1.18

底层砂浆主要起着黏结基层的作用。砖墙底层抹灰多用石灰砂浆；在容易碰撞或有防水、防潮要求时用水泥砂浆；混凝土底层抹灰多用水泥砂浆或混合砂浆；混凝土梁、柱、顶板等底层多用混合砂浆或石灰砂浆。

中层砂浆主要起着找平的作用，所使用的砂浆基本上与底层相同。

面层砂浆主要起装饰作用并兼有对墙体的保护及达到表面美观的效果，一般要求砂较细，易于抹平，不会出现空鼓、酥皮等现象，为了确保表面不开裂，常加入聚乙烯醇纤维等物质，增加砂浆的抵抗收缩能力。

2. 装饰砂浆

装饰砂浆是直接涂抹于建筑物内外墙表面，以增加建筑物装饰艺术性为主要目的的砂浆。

装饰砂浆的底层和中层抹灰砂浆与普通抹面砂浆基本相同，主要区别在面层。

装饰砂浆的面层应选用具有一定颜色的胶凝材料（如各种彩色水泥）和集料（浅色或彩色的大理石、天然砂、花岗石的石屑或陶瓷的碎粒等）。但所加入的颜料应具有耐酸、耐碱、耐大气腐蚀等特点，保证使用耐久性。

（二）特种砂浆

特种砂浆是指具有某些特殊性能，能够满足特殊需要的砂浆。

1. 防水砂浆

防水砂浆又称刚性防水层，是在水泥砂浆中掺入防水剂、膨胀剂或聚合物等配制而成的。防水作用主要依靠砂浆本身的憎水性和硬化砂浆的结构密实性实现。仅用于不受振动或埋置深度不大、具有一定刚度的混凝土工程或砌体工程，如地下室、水池、沉井、水塔等。不适合在变形较大或可能发生不均匀沉降的建筑物上使用。

2. 保温砂浆

保温砂浆也称绝热砂浆，是以水泥、石灰、石膏等胶凝材料，与膨胀珍珠岩、膨胀蛭石、陶粒等轻质多孔骨料，按一定比例配制而成的砂浆。保温砂浆具有轻质、保温隔热、吸声等性能，其热导率为 $0.07 \sim 0.1$ W/(m·K)。

保温砂浆常用于现浇屋面保温层、保温墙壁及供热管道的绝热保护层等。

3. 吸声砂浆

由轻质多孔的集料制成的具有吸声性能的砂浆称为吸声砂浆。还可以用水泥、石膏、砂、锯末等按体积比 $1:1:3:5$ 配制成吸声砂浆，或在石灰、石膏砂浆中掺入玻璃纤维、矿棉等松软纤维制成。吸声砂浆主要用于室内墙壁和平顶的吸声。

任务 6.2　砂浆技术性质检测

6.2.1　任务描述

任务单

任务 2	砂浆技术性质检测	学时	4
学习目标	1. 掌握施工过程中砂浆的取样方法； 2. 掌握砂浆技术性质的检测步骤； 3. 能够严格按照规范要求独立进行新拌砂浆表观密度和和易性的检测； 4. 会制订小组任务实施计划，组织实施后形成评价反馈； 5. 能够科学严谨地分析问题、解决问题		
任务描述	根据项目施工进度，现地上部分砌体工程施工需要设计用于砌筑砖墙的 M7.5 等级、稠度 70～100 mm 的水泥石灰混合砂浆配合比。设计资料如下：42.5 级普通硅酸盐水泥；石灰膏稠度 120 mm；中砂，堆积密度 1 450 kg/m³，含水率为 2%；施工管理水平一般。请制备符合要求的砌筑砂浆，具体要求： 1. 按照规范进行施工现场砂浆取样； 2. 进行砂浆技术性质的检测； 3. 分析试验数据，试配调整符合要求的砌筑砂浆		
资讯问题	1. 施工现场砂浆如何取样？ 2. 什么是砂浆的和易性？ 3. 新拌砂浆的流动性、保水性如何检测？ 4. 砂浆的抗压强度、表观密度如何检测？ 5. 砂浆的和易性对工程质量有什么影响？		
咨询引导	查阅书籍和相关规范、标准，利用国家、省级、校内课程资源学习。 相关规范：《建筑砂浆基本性能试验方法标准》（JGJ/T 70—2009）；《砌体工程施工质量验收规范》（GB 50203—2011）；《砌体工程现场检测技术标准》（GB/T 50315—2011）		
思政资源	高温下坚守的建筑工人　用汗水和辛劳为建设添砖加瓦		

6.2.2 任务实施

实施单 1

任务 2	砂浆技术性质检测		学时	4
班级			组号	
实施方式	按最佳计划，各小组成员共同完成实施工作			
试验环境	温度		湿度	是否满足试验要求	是
					否
试验项目	建筑砂浆稠度检测			
试验设备				
试验步骤				

试验结果	试验次数	沉入度/mm		备注
		单次测定值	平均值	
	1			
	2			

组长签字		教师签字		日期： 年 月 日

实施单 2

任务 2	砂浆技术性质检测				学时	4
班级					组号	
实施方式	按最佳计划，各小组成员共同完成实施工作					
试验环境	温度		湿度		是否满足试验要求	是
						否
试验项目	砂浆分层度测定					
试验设备						
试验步骤						
试验结果						
组长签字		教师签字			日期： 年 月 日	

194

实施单 3

任务 2	砂浆技术性质检测		学时	4
班级			组号	
实施方式	按最佳计划，各小组成员共同完成实施工作			

试验环境	温度		湿度		是否满足试验要求	是
						否

试验项目	砂浆立方体抗压强度试验
试验设备	
试验步骤	
试验结果	

组长签字		教师签字		日期： 年 月 日

6.2.3 评价反馈

教学反馈单

任务2		砂浆技术性质检测		学时		4
班级		学号		姓名		
调查方式		对学生知识掌握、能力培养的程度，学习与工作的方法及环境进行调查				

序号	调查内容	是	否
1	你清楚砂浆和易性的含义了吗？		
2	你能列出砂浆稠度的检测方法吗？		
3	你能列出砂浆分层度检测的设备清单吗？		
4	你学会了砂浆立方体抗压强度的检测方法吗？		
5	你学会判定砂浆和易性的方法了吗？		
6	你对本任务的教学方式满意吗？		
7	你对本小组的学习和工作满意吗？		
8	你对教学环境适应吗？		
9	你有规范计算取值的意识吗？		

其他改进教学的建议：

本调查人签名		调查时间		年　月　日

6.2.4　任务拓展

能力提升单

任务 2	砂浆技术性质检测		学时	4
班级		学号	姓名	
巩固强化练习	 线上答题练习			
拓展任务	工程案例： 　某工程用于砌筑某烧结空心砖墙的水泥混合砂浆，要求的强度等级为 M7.5；施工稠度为 70～100 mm；使用 32.5 级的矿渣水泥；河砂，中砂，堆积密度为 1 450 kg/m³，含水率为 3%；石灰膏稠度为 110 mm；自来水；施工水平一般。通过砂浆配合比设计，得出初步配合比为：水泥∶石灰膏∶砂∶水＝245∶104∶1 494∶256＝1∶0.42∶6.09∶1.04。 　任务发布： 　请各小组同学根据给定资料，在充分调研原材料情况的前提下，选取适当的检测方法，完成该工程砌筑砂浆的技术性质检测，并将结果提交			
工作过程				
组长签字		老师签字		日期：　年　月　日

6.2.5　相关知识

一、施工过程中砂浆取样

（1）检测用砂浆试样应从同一盘砂浆或同一车砂浆中取样。为保证检测用料的代表性及足够的试样量，检测取样量不应少于试验所需量的 4 倍。各项检测的砂浆取样量见表 6-14。

表 6-14　砂浆性能检测取样量

检测项目	取样量/L
稠度	10
保水率	4
表观密度	8
抗压强度	5

（2）当施工过程中进行砂浆试验时，其取样方法和原则应按相应的施工验收规范执行。每一验收批、每一楼层或每 250 m³ 砌体中各种强度等级的砂浆，取样不少于一次；每台搅拌机搅拌的砂浆取样不少于一次；每一工作班取样不少于一次。

取样宜在使用地点的砂浆槽、砂浆运送车或搅拌机的出料口，至少从 3 个不同部位抽取试样，试验前应人工搅拌均匀。

（3）砌筑砂浆的验收批，同一类型、强度等级的砂浆试块应不少于 3 组。

（4）当砂浆强度等级或配合比有变更时，还应另做试块。每次取样标准试块至少留置一组，同条件养护试块由施工情况确定。

（5）从取样完毕到开始进行各项性能试验不宜超过 15 min。

二、实验室制备砂浆

（1）实验室拌制砂浆用于试验时，所用材料应提前 24 h 运入室内。拌和时实验室的温度应保持在 20 ℃ ± 5 ℃。当需要模拟施工条件下所用的砂浆时，所用原材料的温度宜与施工现场保持一致。

（2）试验所用原材料应与现场使用材料一致。砂应通过 4.75 mm 筛。水泥若有结块，应充分混合均匀，以 0.9 mm 筛过筛。

（3）试验室拌制砂浆时，材料用量应以质量计。水泥、外加剂、掺合料等的称量精度应为 ± 0.5%，细骨料的称量精度应为 ± 1%。

（4）试验室搅拌砂浆时应采用机械搅拌，搅拌的用量宜为搅拌机容量的 30% ~ 70%，搅拌时间不应少于 120 s。掺有掺合料和外加剂的砂浆，其搅拌时间不应少于 180 s。

三、砂浆拌合物和易性检测

（一）砂浆稠度测定

1. 主要仪器设备

（1）砂浆稠度仪。由试锥、盛浆容器和支座三部分组成，如图 6-1 所示。

（2）钢制捣棒。直径为 10 mm，长为 350 mm，端部磨圆。

（3）秒表。

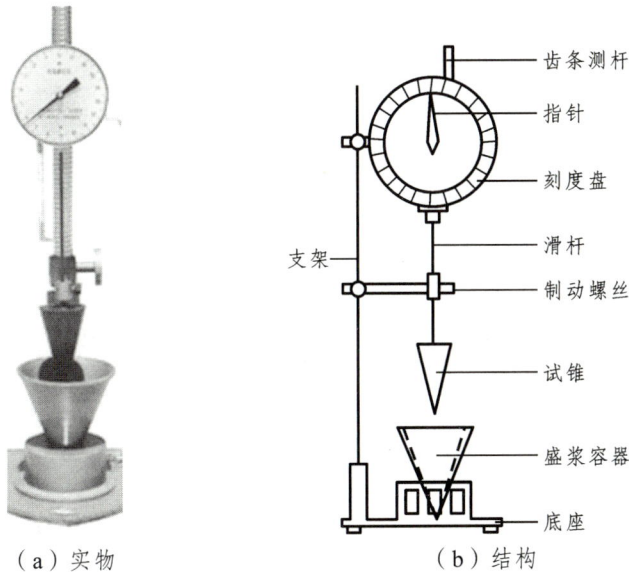

（a）实物　　　　　　　　　　（b）结构

图 6-1　砂浆稠度仪的实物与结构

2. 试验步骤

（1）用少量润滑油轻擦滑杆，再将滑杆上多余的油用吸油纸擦净，使滑杆能自由滑动。

（2）用湿布擦净盛浆容器和试锥表面。

（3）棒自容器中心向边缘均匀地插捣 25 次，然后轻轻地将容器摇动或敲击 5~6 下，使砂浆表面平整，然后将容器置于稠度测定仪的底座上。

（4）拧松试锥滑杆的制动螺栓，向下移动滑杆，当试锥尖端与砂浆表面刚接触时，拧紧制动螺钉，使齿条侧杆下端刚接触到滑杆上端，读出刻度盘上的读数（精确至 1 mm）。

（5）拧松制动螺钉，同时记时间，10 s 时立即拧紧螺丝，将齿条测杆下端接触滑杆上端，从刻度盘上读出下沉深度（精确到 1 mm），两次读数之差值即为砂浆的稠度值。

（6）将容器内砂浆倒出，另取已拌制均匀的试样，重复上述测定。

3. 试验结果评定要求

（1）同盘砂浆取两次试验结果的算术平均值，计算值精确到 1 mm 。

（2）当两次试验值之差大于 10 mm 时，则应重新取样测定。

试验数据记录及结果处理见表 6-15。

表 6-15　砂浆稠度检测试验数据记录及结果处理

试验次数	沉入度/mm		备注
	单次测定值	平均值	
1			
2			

（二）砂浆分层度测定

1. 主要仪器设备

（1）砂浆分层度筒，如图 6-2 所示，由上下两节组装而成，上节高 200 mm，下节带底净高为 100 mm，上下节借助橡胶垫圈密封连接。

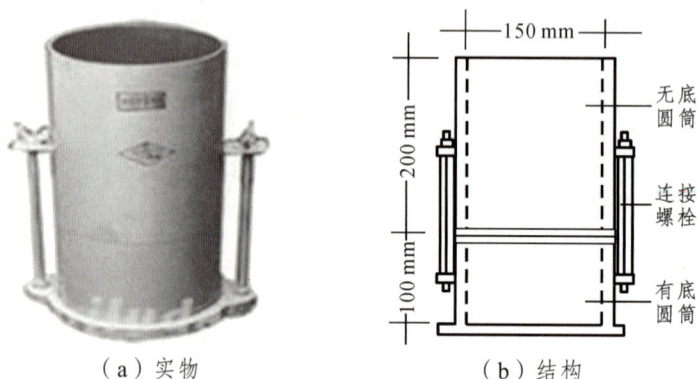

（a）实物　　　　　　（b）结构

图 6-2　砂浆分层度筒的实物与结构

（2）振动台：振幅（0.5±0.05）mm，频率（50±3）Hz。

（3）稠度仪、木锤等。

2. 试验步骤

（1）按稠度方法测定砂浆拌合物稠度。

（2）将砂浆拌合物一次装入分层度筒内，待装满后，用木锤在容器周围距离大致相等的四个不同部位，轻轻敲击 1~2 下，如砂浆沉落到低于筒口，则应随时添加，然后刮去多余的砂浆并用刀抹平。

（3）静置 30 min 后，去掉上节 200 mm 的砂浆，剩余的 100 mm 砂浆倒出放在拌合锅内再拌和 2 min，然后再按稠度试验方法测其稠度，前后测得的稠度之差即为该砂浆的分层度值（ mm）。

3. 试验结果处理

（1）取两次试验结果的算术平均值作为该砂浆的分层度值。

（2）两次分层度试验值之差如大于 10 mm，应重新取样进行测定。

试验数据记录及结果见表 6-16。

表 6-16　砂浆沉入度检测试验数据记录及结果处理

试验次数	沉入度 1/mm	沉入度 2/mm	分层度单次测值/mm（沉入度 1－沉入度 2）	沉入度平均值/mm	备注
1					
2					

（三）砂浆保水性测定

1. 主要仪器设备

（1）金属或硬塑料圆环试模：内径 100 mm，内部高度 25 mm。

（2）可密封的取样容器：应清洁、干燥。

（3）2 kg 的重物。

（4）医用棉纱：尺寸为 110 mm×110 mm，宜选用纱线稀疏、厚度较薄的棉纱。

（5）超白滤纸：应符合《化学分析滤纸》（GB/T 1914—2017）中速定性滤纸要求，直径应为 110 mm，单位面积质量应为 200 g/m^2。

（6）2 片金属或玻璃的方形或圆形不透水片，边长或直径应大于 110 mm。

（7）天平：量程为 200 g，感量应为 0.1 g；量程为 2 000 g，感量应为 1 g。

（8）烘箱。

2. 试验步骤

（1）称量下不透水片与干燥试模质量 m_1 和 8 片中速定性滤纸质量 m_2。

（2）将砂浆拌合物一次性装入试模，并用抹刀插捣数次，当装入的砂浆略高于试模边缘时，用抹刀以 45°角一次性将试模表面多余的砂浆刮去，然后再用抹刀以较平的角度在试模表面反方向将砂浆刮平。

（3）抹掉试模边的砂浆，称量试模、下不透水片与砂浆总质量 m_3。

（4）用 2 片医用棉纱覆盖在砂浆表面，再在棉纱表面放上 8 片滤纸，用不透水片盖在滤纸表面，以 2 kg 的重物把上部不透水片压住。

（5）静置 2 min 后移走重物及上部不透水片，取出滤纸（不包括棉纱），迅速称量滤纸质量 m_4。

（6）从砂浆的配比及加水量计算砂浆的含水率。若无法计算，可按（7）的规定测定砂浆的含水率。

（7）砂浆含水率测定方法：

称取 100 g 砂浆拌合物试样，置于一干燥并已称重的盘中，在（105±5）℃的烘箱中烘干至恒重。砂浆含水率 α 按式（6-5）计算：

$$\alpha = \frac{m_6 - m_5}{m_6} \times 100\% \tag{6-5}$$

式中　α——砂浆含水率（%）；

m_6——烘干后砂浆样本的质量（g），精确至 1 g；

m_5——砂浆样本的总质量（g），精确至 0.1 g。

3. 试验结果处理

（1）砂浆保水率应按式（6-6）计算：

$$W = \left[1 - \frac{m_4 - m_2}{\alpha \times (m_3 - m_1)}\right] \times 100\% \qquad (6\text{-}6)$$

式中　W——保水率（%）；

　　　m_1——下不透水片与干燥试模质量（g），精确至 1 g；

　　　m_2——8 片滤纸吸水前的质量（g），精确至 0.1 g；

　　　m_3——试模、下不透水片与砂浆的总质量（g），精确至 1 g；

　　　m_4——8 片滤纸吸水后的质量（g），精确至 0.1 g；

　　　α——砂浆含水率（%）。

（2）取两次试验测值的平均值作为结果，如两个测定值中有一个超出平均值 5%，则此组试验结果无效。重复试验，再用一批新拌的砂浆做两组试验。

试验数据记录及结果处理见表 6-17。

表 6-17　砂浆含水率测定试验数据记录及结果处理

试验次数	下不透水片与干燥试模质量 m_1/g	8 片滤纸吸水前的质量 m_2/g	试模、下不透水片与砂浆的总质量 m_3/g	8 片滤纸吸水后的质量 m_4/g	砂浆样本的总质量 m_5/g	烘干后砂浆样本的质量 m_6/g	砂浆含水率 α/%	保水率 W/%	平均保水率 W'/%
1									
2									

四、砂浆表观密度测定

1. 主要仪具设备

（1）容量筒。

（2）台秤、捣棒。

（3）振动台。

2. 测定步骤

（1）人工振捣法测定——适用于稠度大于 50 mm 的砂浆拌合物表观密度测定。

① 称筒重：用湿布将容量筒内外擦净，称出质量 m_1，精确至 5 g。

② 装拌合物：将稠度合格的砂浆一次性装满容量筒并稍有富余，用捣棒由边缘向中心均匀插捣 25 次，当插捣过程中砂浆沉落到低于筒口时，应随时添加砂浆，再用捣棒在容器外壁敲击 5~6 次。

③ 抹平：仔细用抹刀抹平坍落度筒表面，将溢至筒外壁的拌合物擦净并称其质量 m_2（精确至 50 g）。

（2）机械振捣测定——适用于稠度小于 50 mm 的砂浆表观密度测定。

① 称筒重：用湿布将量筒内外擦净并称其质量 m_1。

② 装拌合物：将稠度合格的砂浆一次性装满容量筒并稍有富余，将容量筒在振动台振动 10 s，振动过程中随时添加拌合物。

③ 抹平：从振动台上取下容量筒，刮去多余砂浆，仔细用抹刀抹平表面，将溢至筒外壁的拌合物擦净，称筒及拌合物总重 m_2（精确至 50 g）。

3. 试验结果计算

（1）砂浆的表观密度按式（6-7）计算：

$$\rho_h = \frac{m_2 - m_1}{V} \tag{6-7}$$

式中　ρ_h——砂浆的表观密度（kg/L）；

　　　m_1——量筒质量（kg）；

　　　m_2——捣实或振实后砂浆和容量筒总质量（kg）；

　　　V——量筒容积（L）。

（2）以两次试验结果的算术平均值作为测定值，试样不得重复使用，将结果填在表 6-18 中。

表 6-18　砂浆表观密度试验数据记录及结果处理

试验次数	量筒质量 m_1/kg	捣实或振实后砂浆和容量筒总质量 m_2/kg	量筒容积 V/L	砂浆的表观密度 ρ_h/（kg/L）	砂浆表观密度平均值 ρ_h'/（kg/L）
1					
2					

五、砂浆立方体抗压强度试验

1. 主要试验仪器

（1）试模：70.7 mm × 70.7 mm × 70.7 mm 的立方体带底试模，由铸铁或钢制成，应具有足够的刚度并拆装方便。

（2）钢制捣棒：直径 10 mm，长 350 mm，端部应磨圆。

（3）压力试验机：其量程应能使试件的预期破坏荷载值不小于全量程的 20%，不大于全量程的 80%。

（4）垫板：试验机上、下压板可垫以钢垫板。

（5）振动台：一次试验至少能固定（或用磁力吸盘）三个试模。

2. 试验步骤

（1）试件制作。

用黄油等密封材料涂抹试模的外接缝，试模内壁涂刷薄层机油或脱模剂。

将和易性合格的砂浆拌合物，一次性装入标准立方体试模中，当稠度 ≥ 50 mm 时，宜采用人工插捣成型，当稠度 < 50 mm 时采用振动台振动成型。

人工插捣：用捣棒由试模边缘向中心按螺旋方向均匀插捣 25 次，插捣过程中如砂浆沉落低于试模口，应随时添加砂浆，可用油灰刀插捣数次，并用手将试模一边抬高 5 ~ 10 mm 各振动 5 次，使砂浆高出试模顶面 6 ~ 8 mm。

机械振捣：将砂浆一次装满试模，放置到振动台上，振动时试模不得跳动，振动 5 ~ 10 s 或持续到表面泛浆为止，不得过振。

待表面水分稍干后，将高出试模部分的砂浆沿试模顶面削去并抹平。

（2）试件养护。

试件制作后应在 20 ℃ ± 5 ℃ 的温度环境中静置 24 h ± 2 h，气温较低时，可适当延长时间，但不应超过两昼夜，然后对试件进行编号并拆模。拆模后立即放入温度为 20 ℃ ± 2 ℃、相对湿度为 90% 以上的标准养护室中养护。养护期间，试件彼此间隔不少于 10 mm，混合砂浆试件上应覆盖，以防有水滴在试件上。养护至规定的龄期 28 d 进行试压。

（3）抗压强度测定。

试件取出后应尽快试验，以免内部的温度、湿度发生显著变化。试验前先将试件擦拭干净，测量尺寸，并检查其外观，并据此计算试件的承压面积。试件尺寸测量精确到 1 mm。

将试件安放在试验机的下压板或下垫板上，试件的承压面应与成型的顶面垂直，试件中心应在与试验机下压板接近时调整球座，使接触面均匀受压。

3. 试验结果评定要求

（1）砂浆立方体抗压强度按式（6-8）计算：

$$f_{m,cu} = F / A \tag{6-8}$$

式中　$f_{m,cu}$——砂浆立方体抗压强度（MPa），精确至 0.1 MPa；

　　　F——试件破坏荷载（N）；

　　　A——试件承压面积（mm²）。

（2）砂浆立方体抗压强度计算应精确到 0.1 MPa。以一组三个试件测值的算术平均值的 1.3 倍，作为该组试件的砂浆立方体试件抗压强度平均值，计算精确到 0.1 MPa。

当三个测值的最大值或最小值中如有一个与中间值的差值超过中间值的 15% 时，把最大值及最小值一并舍去，取中间值作为该组试件的抗压强度值；当两个测值与中间值的差值均超过中间值的 15% 时，则该组试件的检测结果无效。

砂浆立方体抗压强度检测试验数据记录及结果处理见表 6-19。

表 6-19　砂浆立方体抗压强度检测试验数据记录及结果处理

试件编号	单个试件强度测定值	一组试件强度代表值
1		
2		
3		

项目 7

建筑钢材的制备与检测

项目目标

知识目标：

1. 掌握钢筋外观质量测试方法；
2. 掌握低碳钢的力学性能；
3. 掌握钢材的工艺性能。

能力目标：

1. 能够独立进行热轧钢材的外观质量检测；
2. 能够测定低碳钢的拉伸性能：屈服极限、强度极限、伸长率；
3. 能够测定钢筋的冷弯性能；
4. 能够根据试验结果评定材料的基本性质。

素质目标：

1. 培养沟通协调、团队合作的能力；
2. 培养吃苦耐劳、精细规范的品格；
3. 培养精益求精、严谨细致的职业精神。

项目任务

本项目选取的工程为西安某住宅小区项目，位于西安市未央区。项目共有六栋 15 层住宅、三栋 6 层住宅及若干商业用房，地下室一层；结构类型为框-剪结构，基础类型有独立基础和桩基础两种形式，结构设计使用年限 50 年；黄土地区建筑物分类、湿陷等级为Ⅰ级轻微湿陷性，结构安全等级为二级，抗震设防烈度为 8 度，结构环境类别为一类和二 b 类；工程使用的主要结构材料有混凝土、钢筋、水泥砂浆、实心砖、加气混凝土砌块等。

现该工程 3 号楼需要进行构造柱钢筋工程施工，请根据相关标准和规范进行钢筋性能检测，填写检测记录表，检测其力学性能和工艺性能是否满足工程需求。

任务 7.1　热轧钢筋的外观质量检测

7.1.1　任务描述

任务单

任务 1	热轧钢筋的外观质量检测	学时	4
学习目标	1. 掌握热轧钢筋外观质量检测的步骤； 2. 掌握《钢筋混凝土用钢　第 2 部分：热轧带肋钢筋》（GB/T 1499.2—2018）中外观质量测试方法和技术标准； 3. 能根据工程需求独立完成热轧钢筋外观质量检测； 4. 会制订小组任务实施计划，组织实施后形成评价反馈； 5. 能够科学严谨地分析问题、解决问题		
任务描述	根据项目施工进度，现西安某住宅小区需要进行 3 号楼混凝土构造柱钢筋工程施工，请根据相关标准和规范进行钢筋性能检测，填写检测记录表，检测其力学性能和工艺性能是否满足工程需求。具体任务要求如下： 1. 按照规范完成热轧钢筋取样； 2. 按照规范完成热轧钢筋外观检测； 3. 填写检测记录表； 4. 评定热轧钢筋外观质量		
资讯问题	1. 常见的钢筋混凝土用钢有哪些？ 2. 什么是热轧钢筋？热轧钢筋有哪几种类型？ 3. 热轧钢筋的牌号构成是什么？ 4. 热轧钢筋外观质量检测的操作步骤是什么？ 5. 热轧钢筋的力学性能及应用领域是什么？		
资讯引导	查阅书籍和相关规范、标准，利用国家、省级、校内课程资源学习。 相关规范：《钢筋混凝土用钢　第 1 部分：热轧光圆钢筋》（GB/T 1499.1—2017）； 《钢筋混凝土用钢　第 2 部分：热轧带肋钢筋》（GB/T 1499.2—2018）		
思政资源	港珠澳大桥——桥梁界的"珠穆朗玛峰"　　　钢铁业高质量发展有了路线图		

7.1.2 任务实施

实施单

任务1	热轧钢筋的外观质量检测		学时	4

班级		组号	

实施方式	按最佳计划，各小组成员共同完成实施工作

试验环境	温度		湿度		是否满足试验要求	是
						否

原材描述	

序号	规格型号	钢筋牌号	数量/t	进场时间	外观质量	内径		间距		质量	
						公称尺寸及允许偏差	实测值	公称尺寸及允许偏差	实测值	理论质量及允许偏差	实测值

检查结论	

组长签字		教师签字		日期： 年 月 日

7.1.3 评价反馈

教学反馈单

任务 1	热轧钢筋的外观质量检测		学时	4
班级		学号	姓名	
调查方式	对学生知识掌握、能力培养的程度，学习与工作的方法及环境进行调查			
序号	调查内容		是	否
1	你能列出几种常用的钢筋混凝土用钢吗？			
2	你学会了热轧钢筋的牌号表示方法吗？			
3	你能列出有哪几种热轧钢筋吗？			
4	你学会了热轧钢筋外观质量检测步骤吗？			
5	你学会了钢筋取样吗？			
6	你对本任务的教学方式满意吗？			
7	你对本小组的学习和工作满意吗？			
8	你对教学环境适应吗？			
9	你有规范计算取值的意识吗？			
其他改进教学的建议：				
本调查人签名		调查时间	年 月 日	

7.1.4　任务拓展

能力提升单

任务 1	热轧钢筋的外观质量检测		学时	4
班级		学号	姓名	
巩固强化练习	 线上答题练习			
拓展任务	工程案例： 　陕西职业技术学院建筑工程学院实训中心——土木工程材料与检测实训室扩建项目，新到一批钢筋，钢筋工程施工需检测钢筋性能。根据相关标准和规范进行验收和检测，要求工作过程符合 7S 管理规范，检测过程严格按照混凝土用钢质量检测相关规范进行。 　任务发布： （1）请各小组同学根据给定资料，判定钢筋的类型及型号； （2）请各小组同学根据给定资料，进行热轧钢筋取样； （3）请各小组同学进行热轧钢筋外观质量检测			
工作过程				
组长签字		老师签字	日期：　年　月　日	

7.1.5 相关知识

建筑工程用钢可分为钢筋混凝土结构用钢和钢结构用钢。为保证结构的安全可靠，建筑工程需根据结构的重要性、荷载性质、连接方式、温度条件等情况，并综合考虑钢材的力学、工艺性能来选用合适的钢种及牌号。

一、建筑工程中的主要钢种

（一）碳素结构钢

普通碳素结构钢简称碳素结构钢，它包括一般结构钢和工程用热轧钢板、钢带、型钢等，现行国家标准《碳素结构钢》（GB/T 700—2006）具体规定了它的牌号表示方法、技术要求、实验方法和检验规则等。

1. 牌号表示方法

钢的牌号由代表屈服强度的字母、屈服强度数值、质量等级符号、脱氧方法符号四个部分按顺序组成。主要符号及意义如下：

Q——钢材屈服强度中"屈"字汉语拼音首位字母。

A、B、C、D——分别为质量等级。

F——沸腾钢中"沸"字汉语拼音首位字母。

Z——镇静钢中"镇"字汉语拼音首位字母。

TZ——特殊镇静钢中"特镇"两字汉语拼音首位字母。在牌号组成表示方法中，"Z"与"TZ"符号可以省略。

2. 碳素结构钢的特性及应用

（1）Q195 钢：强度不高，塑性、韧性、加工性能与焊接性能较好，主要用于轧制薄板和盘条等。

（2）Q215 钢：用途与 Q195 钢基本相同，由于其强度稍高，还大量用作管坯、螺栓等。

（3）Q235 钢：既有较高的强度，又有较好的塑性和韧性，可焊性也好，在建筑工程中应用最广泛，大量用于制作钢结构用钢、钢筋和钢板等。其中 Q235A 级钢，一般仅适用于承受静荷载作用的结构，Q235C 和 Q235D 级钢可用于重要的焊接结构。另外，由于 Q235D 级钢含有足够的形成细晶粒结构的元素，同时对硫、磷有害元素控制严格，故其冲击韧性好，有较强的抵抗振动、冲击荷载能力，尤其适用于负温条件。

（4）Q275 钢：强度、硬度较高，耐磨性较好，但塑性、冲击韧性和可焊性差，不宜用于建筑结构，主要用于制作机械零件和工具等。

表 7-1 和表 7-2 分别为碳素结构钢的牌号和化学成分，以及碳素结构钢的力学性能。

表 7-1 碳素结构钢的牌号和化学成分

牌号	统一数学代号	等级	直径/mm	脱氧方法	化学成分（质量分数）不大于/%				
					C	Si	Mn	P	S
Q195	U11952	—	—	F、Z	0.12	0.30	0.50	0.035	0.040
Q215	U12152	A	—	F、Z	0.15	0.35	1.20	0.045	0.050
	U12155	B							0.045
Q235	U12352	A	—	F、Z	0.22		1.40	0.045	0.050
	U12355	B			0.20	0.035			0.045
	U12358	C		Z	0.17			0.40	0.040
	U12359	D		TZ				0.035	
Q275	U12752	A	—	F、Z	0.24		1.50	0.045	0.050
	U12755	B	≤40	Z	0.21	0.035		0.045	0.045
			>40		0.22				
	U12758	C	—	Z	0.20			0.040	0.040
	U12759	D		TZ				0.035	

（1）表中为镇静钢、特殊镇静钢牌号的统一数字，沸腾钢牌号的统一数字代号如下：Q195F—U11950；Q215AF—U12150，Q215BF—U12153，Q235AF—U12350，Q235BF—U12353；Q275AF—U12750。

（2）经需方同意，Q235B 的碳含量可不大于 0.22%

表 7-2 碳素结构钢的力学性能

牌号	等级	屈服点 σ_s/MPa						抗拉强度 σ_b/MPa	伸长率 δ_s/%					冲击试验（V 型缺口）	
		厚度（或直径）/mm							厚度（或直径）/mm					温度/°C	冲击吸收功值（J）不小于
		≤16	16~40	40~60	60~100	100~150	150~200		≤40	40~60	60~100	100~150	150~200		
Q195	—	195	185	—	—	—	—	315~430	33	—	—	—	—	—	—
Q215	A	215	205	195	185	175	165	335~450	31	30	29	27	26	—	—
	B													+20	27
Q235	A	235	225	215	215	195	185	370~500	26	25	24	22	21	—	—
	B													+20	27
	C													0	
	D													−20	
Q275	A	275	265	255	245	225	215	410~540	22	21	20	18	17	—	—
	B													+20	27
	C													0	
	D													−20	

（1）Q195 的屈服强度值仅供参考，不作交货条件。

（2）厚度大于 100 mm 的钢材，抗拉强度下限允许降低 20 N/mm²。宽带钢（包括剪切钢板）抗拉强度上限不作交货条件。

（3）厚度小于 25 mm 的 Q235B 级钢材，如供方能保证冲击吸收值合格，经需方同意，可不做检验

（二）低合金高强度结构钢

我国低合金高强度结构钢的生产特点是：在普通碳素钢的基础上，加入少量我国富有的合金元素，如硅、钒、钛、稀土等，以使钢材的强度与综合性能得到明显提高，或使其成为具有某些特殊性能的钢种。

1. 牌号及表示方法

根据国家标准《低合金高强度结构钢》（GB/T 1591—2018）规定，低合金高强度结构钢的牌号由代表屈服点的汉语拼音字母（Q）、屈服点数值（三位阿拉伯数字）、质量等级符号（分 A、B、C、D、E 五级）三个部分依次组成，如 Q295A、Q345D 等。

2. 标准与性能

合金元素在钢中的作用是很复杂的，不同的元素所起的作用不一样，对性能的影响程度也各有差别。合金元素不仅可以提高钢的强度和硬度，还能在一定程度上增加塑性和韧性，其中以钒、钛、铝等元素的作用尤为显著，它们能使低合金结构钢具有强度大、耐磨、硬度高、耐蚀性强与耐低温性能好等特点。

二、钢筋混凝土结构用钢

钢筋混凝土结构用的钢筋和钢丝，主要由碳素结构钢和低合金结构钢轧制而成。一般把直径为 3～5 mm 的称为钢丝，直径为 6～12 mm 的称为钢筋，直径大于 12 mm 的称为粗钢筋。钢筋的主要品种有热轧钢筋、热处理钢筋、冷轧带肋钢筋、冷拉钢筋、预应力混凝土用钢丝和钢绞线。下面就前三种钢筋进行说明。

（一）热轧钢筋

用加热钢坯轧成的条形成品钢筋，称为热轧钢筋，是建筑工程中用量最大的钢材品种之一，主要用于钢筋混凝土和预应力混凝土结构的配筋。混凝土用热轧钢筋要求有较高的强度，有一定的塑性和韧性，可焊性好。

热轧钢筋按其轧制外形分为热轧光圆钢筋和热轧带肋钢筋。热轧光圆钢筋的截面为圆形；热轧带肋钢筋的截面也为圆形，其表面通常带有两条纵肋，也可不带纵肋，沿长度方向有均匀分布的月牙形横肋。月牙肋钢筋具有生产简便、强度高、应力集中、敏感性小、疲劳性能好等特点。根据《钢筋混凝土用钢　第 1 部分：热轧光圆钢筋》（GB 1499.1—2017）和《钢筋混凝土用钢　第 2 部分：热轧带肋钢筋》（GB 1499.2—2018）的规定，热轧钢筋的力学性能和工艺性能应符合规范要求，如表 7-3 所示。

热轧钢筋除 HPB300 级是光圆钢筋外，其余均为月牙肋，其粗糙的表面可提高混凝土与钢筋之间的握裹力。一般情况下，HPB300 级钢筋的强度不高，但塑性及焊接性良好，主要用作非预应力混凝土的受力筋或构造筋。HRB335、HRB400 级钢筋由于强度较高，塑性和焊接性也好，可用于大中型预应力及非预应力钢筋混凝土结构的受力筋。HRB50 级钢筋虽然强度高，但塑性及焊接性较差，可用作预应力钢筋。

表 7-3　热轧钢筋的力学性能及工艺性能

编号	屈服强度 ReL/MPa	抗拉强度 Rm/MPa	断后伸长率 A/%	最大力总伸长率 Agt/%	冷弯实验 180°	
					钢筋公称直径 a/mm	弯心直径 d/mm
	不小于					
HRB335	335	455	17		6～25	3a
					28～40	4a
					40～50	5a
HRB400	400	540	16	7.5	6～25	4a
					28～40	5a
					40～50	6a
HRB500	500	630	15		6～25	6a
					28～40	7a
					40～50	8a

（二）预应力混凝土用热处理钢筋

将热轧带肋钢筋经淬火和回火调制处理后的钢筋称为预应力混凝土用热处理钢筋。通常有直径为 6 mm、8.2 mm、10 mm 的三种规格，其屈服强度不小于 1 325 MPa，抗拉强度不小于 1 470 MPa，伸长率不小于 6%，100 h 应力松弛率不大于 3.5%，按外形分有纵肋和无纵肋两种，但都有横肋。钢筋热处理后卷成盘，使用时开盘钢筋自行伸直，按要求的长度切断，切断时不能用电焊切断，也不能焊接，以免引起强度下降或脆断。

热处理钢筋的特点是：锚固性好、应力松弛率低、施工方便、质量稳定、节约钢材等。热处理钢筋应用于普通预应力钢筋混凝土工程，如预应力钢筋混凝土轨枕。

（三）冷轧带肋钢筋

冷轧带肋钢筋的牌号由 CRB 和钢筋的抗拉强度最小值构成。冷轧带肋钢筋分为 CRB550、CRB650、CRB800、CRB970 和 CRB1170 五个牌号。其中，CRB550 为普通钢筋混凝土用钢筋，其他牌号为预应力混凝土钢筋。

冷轧带肋钢筋在预应力混凝土构件中是冷拔低碳钢丝的更新换代产品，在现浇混凝土结构中可代换 HPB300 级钢筋，以节约钢材，是同类冷加工钢材中较好的一种。

三、钢结构用钢

（一）型　钢

长度和截面周长之比相当大的直条钢材，统称为型钢。按型钢的截面形状，可分为简单截面的型钢和复杂截面的（或异型的）型钢。

1. 简单截面的热轧型钢

简单截面的热轧型钢有扁钢、圆钢、方钢、六角钢和八角钢五种，如图 7-1 所示。

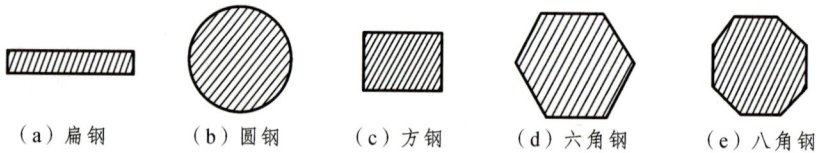

（a）扁钢　　（b）圆钢　　（c）方钢　　（d）六角钢　　（e）八角钢

图 7-1　简单热轧型钢的截面

2. 复杂截面的热轧型钢

复杂截面的热轧型钢，其截面不是简单的几何图形，而是有明显凸凹分支部分，包括角钢、工字钢、槽钢和其他异型截面的型钢。角钢、工字钢和槽钢的截面形状如图 7-2 所示。

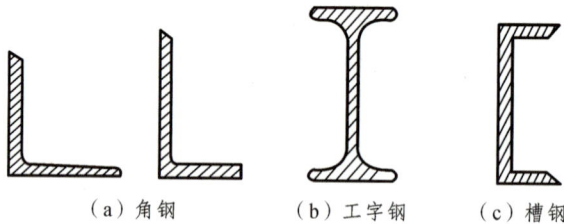

（a）角钢　　　　（b）工字钢　　（c）槽钢

图 7-2　角钢、工字钢和槽钢的截面形状

3. 热轧 L 型钢和 H 型钢

L 型钢与不等边角钢的主要区别在于其腹板高为面板宽度的 3 ~ 4 倍，而不等边角钢的长边与短边宽度之比仅为 1.5 左右；L 型钢的面板厚度与腹板厚度之差比较显著，而不等边角钢的边厚度是相同的。热轧 H 型钢属经济断面型材，断面形状类似普通型材，但壁薄、截面金属分配合理、质量小、截面模数大，是型钢中发展较快的品种。

（二）钢　板

钢板是用轧制方法生产的、宽厚比很大的矩形板状钢材。按工艺不同，钢板有热轧和冷轧两大类。通常又多按钢板的公称厚度划分，厚度为 0.1 ~ 4 mm 的称为薄板，厚度为 4 ~ 20 mm 的为中板，厚度为 20 ~ 60 mm 的为厚板，厚度大于 60 mm 的为特厚板。钢板的种类有热轧钢板、花纹钢板、冷轧钢板、钢带四种。

（三）钢　管

钢管的品种很多，按制造方法不同，分为无缝钢管和焊接钢管两大类。

无缝钢管是经过热轧、挤压、热扩或冷拔、冷轧而成的周边无缝的管材，分为一般用途和专门用途两类。在建筑工程中，除多用一般结构的无缝钢管外，有时也采用若干专用的无缝钢管，如锅炉用无缝钢管和耐热无缝钢管等。

焊接钢管用量最大，是供低压流体输送用的直缝焊管，有焊接钢管和镀锌焊接钢管两种。

四、热轧钢筋外观质量检测试验原理与方法

（一）热轧钢筋试件的取样

（1）钢筋混凝土用热轧光圆钢筋、热轧带肋钢筋，应按批进行检查，每批由同一牌号、同一炉罐号、同一规格的钢筋组成。

（2）每批数量不大于 60 t。

（3）自每批钢筋中任意抽取两根钢筋，并于每根钢筋距端部 50 mm 处各取一组试样（四根试件），在每组试样中取两根做拉伸性能检测，另外两根做冷弯性能检测。

（二）钢材的表面形状及尺寸允许偏差

1. 钢筋横肋设计原则

钢筋横肋设计应符合《钢筋混凝土用钢 第 2 部分：热轧带肋钢筋》（GB/T 1499.2—2018）的规定。

2. 公称直径范围及推荐直径

钢筋的公称直径范围为 6~50 mm，本标准推荐的钢筋公称直径为 6 mm、8 mm、10 mm、12 mm、16 mm、20 mm、25 mm、32 mm、40 mm、50 mm。

钢筋的公称横截面面积与理论质量列于表 7-4 中。

表 7-4　钢筋的公称横截面面积与理论质量

公称直径/mm	公称横截面面积/mm^2	理论质量/（kg/m）
6	28.27	0.222
8	50.27	0.395
10	78.54	0.617
12	113.1	0.888
14	153.9	1.21
16	201.1	1.58
18	254.5	2.00
20	314.2	2.47
22	380.1	2.98
25	490.9	3.85
28	615.8	4.83
32	804.2	6.31
36	1 018	7.99
40	1 257	9.87
50	1 964	15.42

注：表中理论质量按密度为 7.85 g/cm^3 计算。

3. 带肋钢筋的表面形状及尺寸允许偏差

带肋钢筋横肋设计原则应符合下列规定：

（1）横肋与钢筋轴线的夹角 β 不应小于 45°，当该夹角不大于 70°时，钢筋相对两面上横肋的方向应相反。

（2）横肋公称间距不得大于钢筋公称直径的 0.7 倍。

（3）横肋侧面与钢筋表面的夹角α不得小于45°。

（4）钢筋相邻两面上横肋末端之间的间隙（包括纵肋宽度）总和不应大于钢筋公称周长的20%。

（5）当钢筋公称直径不大于 12 mm 时，相对肋面积不应小于 0.055；公称直径为 14 mm 和 16 mm 时，相对肋面积不应小于 0.060；公称直径大于 16 mm 时，相对肋面积不应小于 0.065。

（6）带肋钢筋通常带有纵肋，也可不带纵肋。

带肋钢筋采用月牙肋表面形状时，尺寸和允许偏差应符合表 7-5 中的规定。钢筋的实际质量与理论质量的偏差符合表 7-4 的规定时，钢筋的内径偏差可不作交货条件。

不带纵肋的月牙肋钢筋，其内径尺寸可按表 7-5 的规定做适当调整，但质量允许偏差仍应符合表 7-4 的规定。

表 7-5　钢筋的表面形状及尺寸允许偏差　　　　　　　　单位：mm

公称直径	内径 d		横肋高 h		纵肋高 h_1（不大于）	横肋宽 b	纵肋宽 a	间距 l		横肋末端最大间隙（公称周长的10%弦长）
	公称尺寸	允许偏差	公称尺寸	允许偏差				公称尺寸	允许偏差	
6	5.8	±0.3	0.6	±0.3	0.8	0.4	1.0	4.0		1.8
8	7.7		0.8	+0.4 −0.3	1.1	0.5	1.5	5.5		2.5
10	9.6	±0.4	1.0	±0.4	1.3	0.6	1.5	7.0	±0.5	3.1
12	11.5		1.2		1.6	0.7	1.5	8.0		3.7
14	13.4		1.4	+0.4 −0.5	1.8	0.8	1.8	9.0		4.3
16	15.4	±0.4	1.5		1.9	0.9	1.8	10.0		5.0
18	17.3		1.6	±0.5	2.0	1.0	2.0	10.0		5.6
20	19.3		1.7		2.1	1.2	2.0	10.0		6.2
22	21.3	±0.5	1.9		2.4	1.3	2.5	10.5	±0.8	6.8
25	24.2		2.1	±0.6	2.6	1.5	2.5	12.5		7.7
28	27.2		2.2		2.7	1.7	3.0	12.5		8.6
32	31.0	±0.6	2.4	+0.8 −0.7	3.0	1.9	3.0	14.0	±1.0	9.9
36	35.0		2.6	+1.0 −0.8	3.2	2.1	3.5	15.0		11.1
40	38.7	±0.7	2.9	±1.1	3.5	2.2	3.5	15.0		12.4
50	48.5	±0.8	3.2	±1.2	3.8	2.5	4.0	16.0		15.5

注：① 纵肋斜角θ为0°～30°；
　　② 尺寸a、b为参考数据。

4. 长度及允许偏差

（1）钢筋通常按定尺长度交货，具体交货长度应在合同中注明。

（2）钢筋可以盘卷交货，每盘应是一条钢筋，允许每批有 5%的盘数由两条钢筋组成，其盘重由供需双方协商确定。

（3）钢筋按定尺交货时的长度允许偏差为 ± 25 mm。当要求最小长度时，其偏差为 + 50 mm。当要求最大长度时，其偏差为 – 50 mm。

5. 弯曲度和端部

直条钢筋的弯曲度应不影响正常使用，每米弯曲度不大于 4 mm，总弯曲度不大于钢筋总长度的 0.4%。钢筋端部应剪切正直，局部变形应不影响使用。

6. 质量及允许偏差

钢筋可按理论质量交货，也可按实际质量交货，钢筋实际质量与理论质量的允许偏差应符合表 7-6 的规定。

表 7-6　钢筋的实际质量与理论质量允许偏差

公称直径/mm	实际质量与理论质量的偏差/%
6 ~ 12	± 7
14 ~ 20	± 5
22 ~ 50	± 4

（三）试验设备

（1）游标卡尺，如图 7-3 所示。

（2）台秤，如图 7-4 所示。

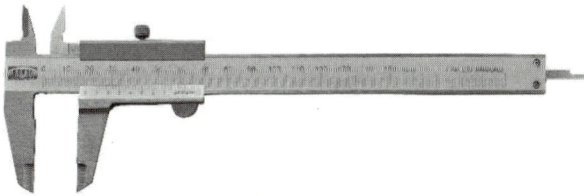

图 7-3　游标卡尺

图 7-4　台秤

（四）检测步骤

1. 尺寸测量

（1）钢筋内径的测量应精确到 0.1 mm。

（2）钢筋纵肋、横肋高度的测量，采用测量同一截面两侧横肋中心高度平均值的方法，即测取钢筋最大外径，减去该处内径，所得数值的一半为该处肋高，应精确到 0.1 mm。

（3）钢筋横肋间距采用测量平均肋距的方法进行测量，即测取钢筋一面上第 1 个与第 11 个横肋的中心距离，该数值除以 10 即为横肋间距，应精确到 0.1 mm。

（4）钢筋横肋末端间隙：测量产品两相邻横肋在垂直于钢筋轴线平面上投影的两末端之间的弦长，测量示意图如图 7-5 所示。

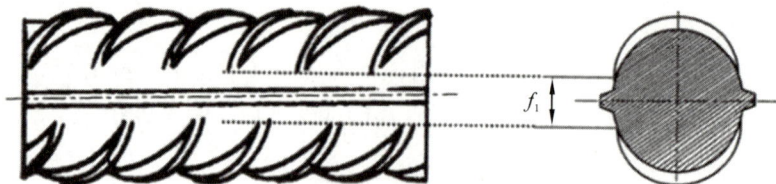

f_1—横肋末端间隙。

图 7-5　钢筋横肋末端间隙测量示意图

2. 质量偏差的测量

（1）测量钢筋质量偏差时，试样应从不同根钢筋上截取，数量不少于 5 支，每支试样长度不小于 500 mm。长度应逐支测量，应精确到 1 mm。测量总质量时，应精确到不大于总质量的 1%。

（2）钢筋实际质量与理论质量的偏差按下式计算：

$$质量偏差 = \frac{试样实际总质量 - (试样总长度 \times 理论质量)}{试样总长度 \times 理论质量} \times 100\%$$

📖💡 **拓展知识一**

建筑钢材的定义和分类

📖💡 **拓展知识二**

建筑钢材的冶炼加工

任务 7.2　钢筋的力学性能检测

7.2.1　任务描述

任务单

任务 2	钢筋的力学性能检测	学时	4
学习目标	1. 掌握建筑钢材主要的力学性能； 2. 掌握建筑钢材的拉伸性能及检测方法； 3. 能测定低碳钢屈服极限、强度极限、伸长率、屈强比； 4. 会制订小组任务实施计划，组织实施后形成评价反馈； 5. 能够科学严谨地分析问题、解决问题		
任务描述	根据项目施工进度，现西安某住宅小区需要进行 3 号楼混凝土构造柱钢筋工程施工，请根据相关标准和规范进行钢筋性能检测，填写检测记录表，检测其力学性能和工艺性能是否满足工程需求。具体任务要求如下： 1. 按照规范完成低碳钢取样； 2. 按照规范完成低碳钢的抗拉强度检测； 3. 填写检测记录表； 4. 评定低碳钢的抗拉性能		
资讯问题	1. 建筑钢材的力学性能都有哪些？		
	2. 低碳钢的拉伸过程经过了几个阶段？		
	3. 什么是钢筋的屈服强度？		
	4. 什么是钢筋的抗拉强度？		
	5. 什么是钢筋的伸长率？		
资讯引导	查阅书籍和相关规范、标准，利用国家、省级、校内课程资源学习。 　相关规范：《钢筋混凝土用钢 第 1 部分：热轧光圆钢筋》（GB/T 1499.1—2017）；《钢筋混凝土用钢 第 2 部分：热轧带肋钢筋》（GB/T 1499.2—2018）；《金属材料 拉伸试验 第 1 部分：室温试验方法》（GB/T 228.1—2021）		
思政资源	港珠澳大桥"强筋健骨"的奥秘		

7.2.2 任务实施

实施单

任务 2	钢筋的力学性能检测	学时	4
班级		组号	
实施方式	按最佳计划，各小组成员共同完成实施工作		

试验环境	温度		湿度		是否满足试验要求	是
						否

试验方法							

材料名称	标距 l_0 /mm	试验前						最小截面 A_0 /mm²	断后标长 l_1 /mm	缩颈直径 d_1 /mm	缩颈面积 A_1 /mm²
		①		②		③					
			平均		平均		平均				

试验数据及处理结果	受力形式	材料	强度				伸长率 δ /%	断面收缩率 φ /%
			屈服载荷 F_s /kN	最大载荷 F_b /kN	屈服点 σ_s /MPa	抗拉（压）强度 σ_b /MPa		
	拉伸							

组长签字		教师签字		日期： 年 月 日

7.2.3 评价反馈

教学反馈单

任务 2	钢筋的力学性能检测			学时	4
班级		学号		姓名	
调查方式	对学生知识掌握、能力培养的程度，学习与工作的方法及环境进行调查				
序号	调查内容			是	否
1	你了解建筑钢材的技术性质有哪些吗？				
2	你能列出建筑钢材的力学性质有哪些吗？				
3	你能说出低碳钢拉伸过程分为几个阶段吗？				
4	你能从钢筋拉伸试验中计算出钢筋的屈服强度吗？				
5	你能从钢筋拉伸试验中计算出钢筋的伸长率吗？				
6	你对本任务的教学方式满意吗？				
7	你对本小组的学习和工作满意吗？				
8	你对教学环境适应吗？				
9	你有规范计算取值的意识吗？				
其他改进教学的建议：					
本调查人签名		调查时间		年　月　日	

7.2.4 任务拓展

能力提升单

任务2	钢筋的力学性能检测		学时	4
班级		学号	姓名	
巩固强化练习	 线上答题练习			
拓展任务	工程案例： 　　陕西职业技术学院建筑工程学院实训中心——土木工程材料与检测实训室扩建项目，新到一批钢筋，钢筋工程施工需检测钢筋的性能。根据相关标准和规范进行验收和检测，要求工作过程符合7S管理规范，检测过程严格按照混凝土用钢质量检测相关规范。 　　任务发布： 　　（1）请各小组同学根据给定资料，判定钢筋的类型及型号； 　　（2）请各小组同学根据给定资料，进行热轧钢筋取样； 　　（3）请各小组同学进行钢筋拉伸性能检测，并判定其设计强度、抗拉强度、伸长率			
工作过程				
组长签字		老师签字		日期：　年　月　日

7.2.5　相关知识

建筑钢材的主要技术性能包括力学性能和工艺性能。力学性能是钢材最重要的使用性能，包括拉伸性能、冲击韧性、疲劳强度、硬度等。工艺性能是指钢材在各种加工过程中表现出的性能，包括冷弯性能和可焊性。

一、钢材的力学性能——拉伸性能

（一）低碳钢的拉伸性能实验原理

因为拉伸是建筑钢材的主要受力形式，所以抗拉性能是表示钢材性能和选用钢材的重要指标，一般可通过拉伸试验来测定，以屈服强度、抗拉强度和伸长率等指标来表示。

将一定规格的低碳钢试件进行拉伸试验，可得出如图 7-6 所示的应力-应变关系曲线。从图中可以看出低碳钢从受拉到拉断，经历了 4 个阶段。

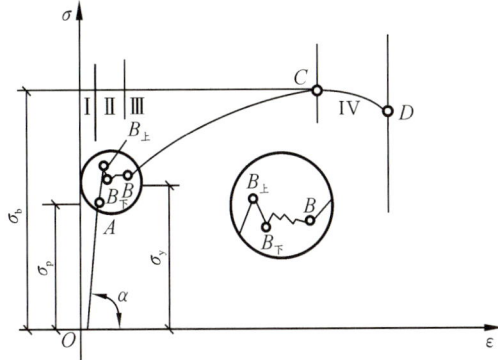

图 7-6　低碳钢拉伸的应力-应变关系图

1. 弹性阶段（OA 段）

在 OA 范围内，随着荷载的增加，应变随应力成正比增加，如卸去荷载，试件将恢复原状，这种性质称为弹性。OA 是一条直线，A 点所对应的应力称为弹性极限，用 σ_p 表示。在 OA 范围内，应力与应变的比值为一常量，称为弹性模量，用 E 表示，即 $E = \sigma_p / \varepsilon$。弹性模量反映了钢材的刚度，是钢材在受力条件下计算结构变形的重要指标。

2. 屈服阶段（AB 段）

在 AB 曲线范围内，应力与应变不能成比例变化。应力超过弹性极限 σ_p 后，即开始产生塑性变形。应力到达 $B_\perp$ 点之后，变形急剧增加，应力则在不大的范围内波动，直到 B 点为止。$B_\perp$ 点是屈服上限，当应力到达 $B_\perp$ 点时，抵抗外力能力下降，发生"屈服"现象。$B_\top$ 点是屈服下限，也称为屈服点（即屈服强度），用 σ_s 表示。σ_s 是屈服阶段应力波动的最低值，它表示钢材在工作状态下允许达到的应力值，即在屈服点之前，钢材不会发生较大的塑性变形。故在设计中一般以屈服点作为强度取值的依据。普通碳素结构钢 Q235 的屈服强度应不小于 235 MPa，常用低碳钢的屈服强度为 185～235 MPa。对于在外力作用下屈服强度不明显的硬钢类，如高碳钢与某些合金钢，规定产生残余变形为 $0.2\% l_0$ 时的应力作为屈服点，用 $\sigma_{0.2}$ 表示，如图 7-7 所示。

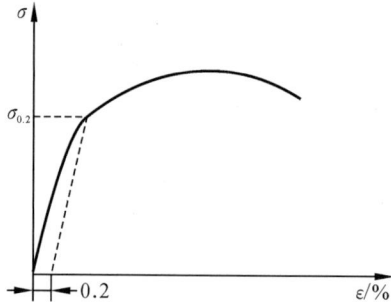

图 7-7　硬钢的条件屈服点

3. 强化阶段（BC 段）

过 B 点后，试件抵抗塑性变形的能力又重新提高，变形发展速度比较快，随着应力的提高而增加。对应于最高点 C 的应力，称为抗拉强度，用 σ_b 表示。抗拉强度不能直接利用，但屈服点和抗拉强度的比值（即屈强比）却能反映钢材的安全可靠程度和利用率。屈强比越小，钢材在受力超过屈服点时的可靠性越大，结构越安全。但如果屈强比过小，则钢材有效利用率太低，会造成浪费。常用低碳钢的屈强比为 $0.58 \sim 0.63$，合金钢为 $0.65 \sim 0.75$。

4. 颈缩阶段（CD 段）

过 C 点，材料抵抗变形的能力明显降低。在 CD 范围内，应变迅速增加，应力反而下降，变形不再均匀。钢材被拉长，并在变形最大处发生"颈缩"，直至断裂。将拉断后的试件于断裂处拼合起来，如图 7-8 所示，测得其断裂后标距长度 l_1，标距的伸长值 $(l_1 - l_0)$ 与原始标距之比，称为伸长率 A，即

$$A = \frac{l_1 - l_0}{l_0} \times 100\%$$

根据断裂前产生塑性变形大小的不同，可分为两种类型的断裂：一种是断裂前出现大量塑性变形的韧性断裂，常温下低碳钢的拉伸断裂就是韧性断裂；另一种是断裂前无显著塑性变形的脆性断裂。脆性断裂的发展速度极快，断裂时又无明显预兆，往往给结构物带来严重后果，应尽量避免。

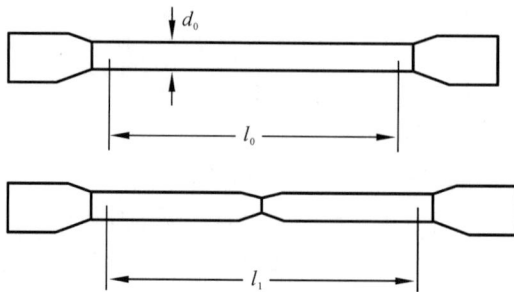

图 7-8　拉断前后的试件

因此，为了确保钢材在构件中的使用安全，钢结构设计应保证构件始终在弹性范围内工作，即应以钢材的弹性极限作为确定容许应力的依据。但是，钢材的弹性极限很难测准，故常以稍高于弹性极限的屈服强度作为确定容许应力的依据，所以屈服强度是钢结构设计中的一个重要力学指标。

（二）主要检测设备

（1）液压式万能材料试验机，如图 7-9 所示。

（2）游标卡尺、直尺，如图 7-10 所示。

（3）试件，如图 7-11 所示。

图 7-9　液压式万能材料试验机　　　　　图 7-10　游标卡尺

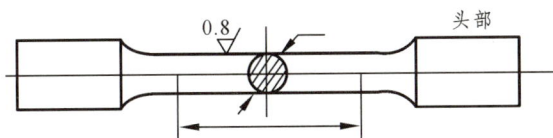

图 7-11　拉伸试件

（三）检测步骤

（1）试件准备：用两个或一系列等分小冲点打点机或细画线标出试件原始标距，标记不应影响试样断裂，对于脆性试样和小尺寸试样，建议用快干墨水或带色涂料标出原始标距。如平行长度比原始标距长许多（如不经机加工试样），则需标出相互重叠的几组原始标记。

（2）试验机准备：启动万能试验机，预热三分钟。调整试验机测力度盘的指针，使其对准零点，并拨动从动指针，使之与主动指针重合。

（3）安装夹具：根据试件情况准备好夹具，并安装在夹具座上。若夹具已安装好，对夹具进行检查。

（4）夹持试件：若在上空间试验，则先将试件夹持在上夹头上，清零消除试件自重后再夹持试件的另一端；若在下空间试验，则先将试件夹持在下夹头上，清零消除试件自重后再夹持试件的另一端。

（5）开始实验：将试件固定在试验机夹具内，开动试验机开始拉伸，屈服前应力增加速度为 10 MPa/s；屈服后只需测定抗拉强度时，试验机活动夹头在荷载下的移动速度不宜大于 0.5 L/min，直到试件拉断。L 为两夹具头之间的距离。

二、屈服极限、强度极限、伸长率的测定

1. 屈服极限 σ_s 的测定

试验时，在向试件连续均匀地加载过程中，根据测力度盘的指针停止转动时的恒定荷载或指针回转后的最小荷载，用自动绘图仪绘出的 $P\text{-}\Delta L$ 曲线有锯齿台阶时，说明材料已屈服。记录指针摆动时的最小值即为屈服载荷 P_s，屈服极限 σ_s 的计算公式为

$$\sigma_s = \frac{P_s}{A_0}$$

2. 强度极限 σ_b 的测定

试验时，试件承受的最大拉力 P_b 所对应的应力即为强度极限 σ_b。试件断裂后指针所指示的载荷读数就是最大载荷 P_b，强度极限 σ_b 的计算公式为

$$\sigma_b = \frac{P_b}{A_0}$$

3. 伸长率的测定

应使用分辨率大于 0.1 mm 的量具或测量装置测定断后标距（L），准确到 ± 0.25 mm。如规定的最小断后伸长率小于 5%，建议采用特殊方法进行测定。

📖💡 **拓展知识**

建筑钢材的其他力学性能

任务 7.3　钢材的工艺性能检测

7.3.1　任务描述

任务单

任务 3	钢材的工艺性能检测	学时	4
学习目标	1. 掌握建筑钢材主要的工艺性能； 2. 掌握钢筋的弯心直径、弯曲角度的内涵； 3. 能检测建筑钢材的冷弯性能； 4. 会制订小组任务实施计划，组织实施后形成评价反馈； 5. 能够科学严谨地分析问题、解决问题		
任务描述	根据项目施工进度，现西安某住宅小区需要进行 3 号楼混凝土构造柱钢筋工程施工，请根据相关标准和规范进行钢筋性能检测，填写检测记录表，检测其力学性能和工艺性能是否满足工程需求。具体任务要求如下： 1. 按照规范完成钢筋取样； 2. 按照规范完成钢筋的冷弯性能检测； 3. 填写检测记录表； 4. 评定钢筋的冷弯性能		
资讯问题	1. 建筑钢筋的工艺性能有哪些？ 2. 什么是钢筋的弯曲角度、弯心直径？ 3. 弯曲角度和弯心直径对钢筋的冷弯性能有什么影响？ 4. 如何判定钢筋的冷弯性能？ 5. 测定钢筋冷弯性能的方法和步骤是什么？		
资讯引导	查阅书籍和相关规范、标准，利用国家、省级、校内课程资源学习。 　　相关规范：《钢筋混凝土用钢　第 1 部分：热轧光圆钢筋》（GB/T 1499.1—2017）；《钢筋混凝土用钢　第 2 部分：热轧带肋钢筋》（GB/T 1499.2—2018）		
思政资源	 钢筋焊接工艺的传承		

7.3.2 任务实施

实施单

任务 3	钢材的工艺性能检测		学时	4
班级			组号	
实施方式	按最佳计划，各小组成员共同完成实施工作			
试验设备				

钢筋的冷弯性能检测试验报告

使用部位		生产厂家		试验规程	
试样描述		批号 ·		试验时间	

检验结果

序号	钢筋直径/mm	弯心直径/mm	支点间距/mm	弯曲角度/°	试验结果
结论					
组长签字		教师签字		日期： 年 月 日	

7.3.3　评价反馈

教学反馈单

任务3	钢材的工艺性能检测		学时	4
班级		学号	姓名	
调查方式	对学生知识掌握、能力培养的程度，学习与工作的方法及环境进行调查			

序号	调查内容	是	否
1	你了解建筑钢材的工艺性能有哪些吗？		
2	你能列出钢筋冷弯性能的两个重要指标吗？		
3	你学会钢筋冷弯性能的检测方法了吗？		
4	你能列出影响钢筋冷弯性能的因素吗？		
5	你知道如何提高建筑钢材的工艺性能了吗？		
6	你对本任务的教学方式满意吗？		
7	你对本小组的学习和工作满意吗？		
8	你对教学环境适应吗？		
9	你有规范计算取值的意识吗？		

其他改进教学的建议：

本调查人签名		调查时间	年　月　日

7.3.4　任务拓展

能力提升单

任务3	钢材的工艺性能检测		学时	4
班级		学号	姓名	
巩固强化练习	线上答题练习			
拓展任务	工程案例: 　　陕西职业技术学院建筑工程学院实训中心——土木工程材料与检测实训室扩建项目,新到一批钢筋,钢筋工程施工需检测钢筋性能。根据相关标准和规范进行验收和检测,要求工作过程符合7S管理规范,检测过程严格按照混凝土用钢质量检测相关规范。 　　任务发布: 　（1）请各小组同学根据给定资料,判定钢筋类型及型号; 　（2）请各小组同学根据给定资料,进行热轧钢筋取样; 　（3）请各小组同学进行钢筋冷弯性能检测,并判定钢筋的冷弯性能是否符合国家规范			
工作过程				
组长签字		老师签字		日期:　　年　月　日

230

7.3.5 相关知识

建筑钢材在使用之前多数需要进行一定形式的加工处理。良好的工艺性能可以保证钢材能够顺利地通过各种处理而无损于制品的质量。

一、冷弯性能

冷弯性能是指钢材在常温下承受弯曲变形的能力，是以试验时的弯曲角度和弯心直径（d）来表示的。钢材冷弯时的弯曲角度越大，弯心直径越小，则表示其冷弯性能越好。按表 7-7 规定的弯心直径弯曲 180°后，钢筋受弯部分表面不得产生裂纹。

表 7-7 不同直径钢筋的弯心直径　　　　　　　　　　单位：mm

牌号	公称直径 a	弯曲试验弯心直径 d
HRB335	6 ~ 25	3a
	28 ~ 50	4a
HRB400	6 ~ 25	4a
	28 ~ 50	5a
HRB500	6 ~ 25	6a
	28 ~ 50	7a

钢材的冷弯性能和其伸长率一样，也是表示钢材在静荷载条件下的塑性，并与伸长率存在联系。但冷弯是钢材处于不利变形条件下的塑性，而伸长率是反映钢材在均匀变形下的塑性，故冷弯试验是一种比较严格的检验，它能揭示钢材内部组织的均匀性，以及存在内应力或夹杂物等缺陷的程度。在工程实践中，冷弯试验还被用作检验钢材焊接质量，其能揭示焊件在受弯表面存在的未熔合、微裂纹和夹杂物。对于重要结构和弯曲成型的钢材，冷弯试验必须合格。钢筋反复弯曲试验的弯曲半径见表 7-8。

表 7-8　钢筋反复弯曲试验的弯曲半径　　　　　　　　单位：mm

钢筋公称直径	4	5	6
弯曲半径	10	15	15

二、钢筋冷弯性能检测

（一）实验目的

通过冷弯试验，对钢筋的塑性进行严格检验，也间接测定钢筋内部的缺陷及可焊性。

（二）主要仪器设备

万能材料试验机、具有一定弯心直径的冷弯冲头等，如图 7-12、图 7-13 所示。

图 7-12　万能材料试验机

图 7-13　冷弯冲头

（三）试验步骤

（1）按图 7-14（a）调整试验机各种平台上的支辊距离 L_1。d 为冷弯冲头直径，$d = na$，n 为自然数，其值大小根据钢筋级别确定。

（2）将试件按图 7-14（a）安放好后，平稳地加荷，钢筋弯曲至规定角度（90°或 180°）后，停止冷弯，见图 7-14（b）和 7-14（c）。

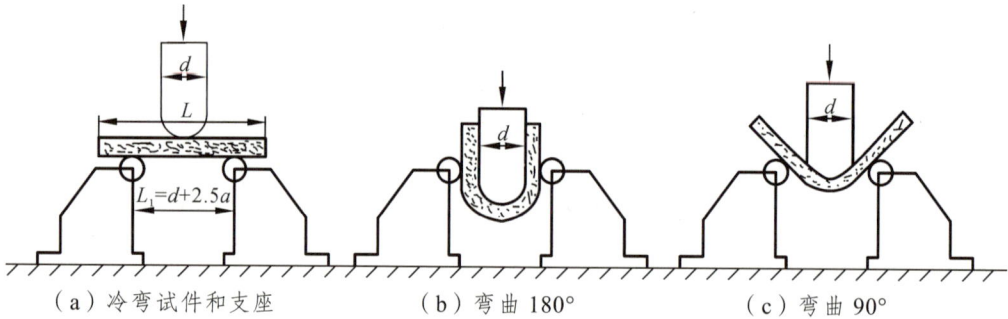

（a）冷弯试件和支座　　　　（b）弯曲 180°　　　　（c）弯曲 90°

图 7-14　钢筋冷弯试验装置示意图

（四）结果评定

在常温下，在规定的弯心直径和弯曲角度下对钢筋进行弯曲，检测两根弯曲钢筋的外表面，若无裂纹、断裂或起层，即判定钢筋的冷弯性能合格，否则冷弯性能不合格。

三、焊接性能

焊接是钢结构的连接方式之一，钢材在焊接过程中，由于高温作用，焊缝及其附近的过热区产生晶粒组织和晶体结构的变化，使焊缝周围的钢材产生硬脆倾向，降低焊件的使用质量。钢的焊接性能就是钢材在焊接后，体现其焊头连接的牢固程度和硬脆倾向大小的一种性能。焊接性能良好的钢，焊接后的焊头牢固可靠、硬脆倾向小，仍能保持与母材基本相同的性质。钢的化学成分、冶金质量及冷加工等对焊接性影响很大。试验表明，含碳量小于 0.25% 的低碳钢具有良好的焊接性，随着含碳量的增加，焊接性下降。硫、磷及气体杂质均能显著降低焊接性。加入过多的合金元素，也将在不同程度上降低焊接性。因此，对焊接结构用钢，宜选用含碳量较低、杂质含量少的平炉镇静钢。对于高碳钢和合金钢，为了改善焊后的硬脆性，焊接时一般需要采用焊前预热和焊后热处理等措施。

拓展知识一

钢材的冷加工和热处理

拓展知识二

钢材的化学成分及其影响

拓展知识三

钢材腐蚀的原因及防护

项目 8

防水材料性能检测

项目目标

知识目标：

1. 掌握防水材料的生产与性能；
2. 掌握石油沥青性能检测的方法；
3. 掌握防水材料性能检测的方法。

能力目标：

1. 能按照设计要求选择不同类型的防水材料；
2. 能按照规范检测石油沥青的性能；
3. 能按照规范检测防水材料的性能。

素质目标：

1. 培养沟通协调、团队合作的能力；
2. 培养吃苦耐劳、精细规范的品格；
3. 培养精益求精、严谨细致的职业精神。

项目任务

本项目选取的工程为西安某住宅小区项目，位于西安市未央区。项目共有六栋 15 层住宅、三栋 6 层住宅及若干商业用房，地下室一层；结构类型为框-剪结构，基础类型有独立基础和桩基础两种形式，结构设计使用年限 50 年；黄土地区建筑物分类、湿陷等级为 I 级轻微湿陷性，结构安全等级为二级，抗震设防烈度为 8 度，结构环境类别为一类和二 b 类；工程使用的主要结构材料有混凝土、钢筋、水泥砂浆、实心砖、加气混凝土砌块等。

现该工程 3 号楼需要进行屋面防水层铺设，请根据相关标准和规范进行防水材料性能检测，并填写检测记录表，检测其防水材料各项性能是否满足工程需求，为屋面工程顺利开展做好准备工作。

任务 8.1 防水材料的生产与性能

8.1.1 任务描述

任务单

任务 1	防水材料的生产与性能	学时	4
学习目标	1. 掌握防水材料的性能； 2. 掌握不同类型的防水材料； 3. 能够根据工程需求选择合适的防水材料； 4. 会制订小组任务实施计划，组织实施后形成评价反馈； 5. 能够科学严谨地分析问题、解决问题		
任务描述	根据项目施工进度，现西安某住宅小区 3 号楼需要进行屋面防水层铺设改性沥青防水卷材，为了确保屋面工程质量，请按照《改性沥青聚乙烯胎防水卷材》（GB 18967—2009）进行改性沥青防水卷材低温柔性检测。具体任务要求如下： 1. 按照规范调研工程所需要的建筑材料； 2. 根据任务制订本小组工作计划； 3. 按照规范完成改性沥青防水卷材低温柔性检测； 4. 填写检测结果表		
资讯问题	1. 防水材料有哪些？ 2. APP 改性沥青防水卷材有哪些特点？ 3. 进行改性沥青防水卷材低温柔性检测前应该准备哪些资料？ 4. 改性沥青防水卷材低温柔性检测的步骤有哪些？		
资讯引导	查阅书籍和相关规范、标准，利用国家、省级、校内课程资源学习。 相关规范：《改性沥青聚乙烯胎防水卷材》（GB 18967—2009）		
思政资源	 新旧国标对防水材料老化性能评价有何不同		

8.1.2 任务实施

实施单

任务 1	防水材料的生产与性能	学时	4
班级		组号	
实施方式	按最佳计划，各小组成员共同完成实施工作		
试验内容	改性沥青防水卷材低温柔性检测		
试验方法			
试验步骤			
试验结果与分析			
组长签字		教师签字		日期： 年 月 日

8.1.3 评价反馈

教学反馈单

任务 1	防水材料的生产与性能		学时	4
班级		学号	姓名	
调查方式	对学生知识掌握、能力培养的程度，学习与工作的方法及环境进行调查			

序号	调查内容	是	否
1	你清楚防水材料的分类吗？		
2	你掌握了防水材料的生产工艺流程吗？		
3	你能列出防水材料的性能吗？		
4	你学会了改性沥青防水卷材性能检测吗？		
5	你对本任务的教学方式满意吗？		
6	你对本小组的学习和工作满意吗？		
7	你对教学环境适应吗？		
8	你有规范计算取值的意识吗？		

其他改进教学的建议：

本调查人签名		调查时间	年 月 日

8.1.4 任务拓展

能力提升单

任务 1	防水材料的生产与性能		学时	4
班级		学号	姓名	
巩固强化练习	<div align="center"> 线上答题练习</div>			
拓展任务	工程案例： 　某住宅工程屋面防水层铺设沥青防水卷材，施工是在 7 月份进行，铺贴沥青防水卷材被安排在中午施工，时间不久，卷材出现鼓化、渗漏，请分析原因			
工作过程				
组长签字		老师签字		日期：　　年　月　日

8.1.5 相关知识

建筑防水材料是建设工程中不可缺少的重要功能性材料。传统防水材料有对温度敏感、拉伸强度和延伸率低、耐老化性能差的缺点，新型防水材料不仅在性能改善上有所突破，而且朝着多元化、多功能和环保型方向发展。新型建筑防水材料主要有合成高分子防水卷材、高聚物改性沥青防水卷材以及防水涂料、防水密封材料、堵漏材料、刚性防水材料等。目前，国产防水材料基本上保证了国家重点工程、工农业建筑、住宅等建筑工程对高、中、低不同档次防水材料的使用要求。

一、防水卷材

防水卷材是一种具有宽度和厚度并可卷曲的片状防水材料，是建筑防水材料的重要品种之一，它占整个建筑防水材料的 80% 左右。目前主要包括：传统的沥青防水卷材、高聚物改性沥青防水卷材和合成高分子防水卷材 3 大类，后两类卷材的综合性能优越，是目前国内大力推广使用的新型防水材料。

（一）传统的沥青防水卷材

以原纸、纤维织物及纤维毡等胎体材料浸涂沥青，表面撒布粉状、粒状或片状材料制成卷曲的片状防水材料统称为沥青防水卷材。沥青防水材料最具有代表性的是石油沥青纸毡及油纸。油毡按物理力学性质可分为合格、一等品和优等品 3 个等级。石油沥青油纸是用低软化点石油沥青浸渍原纸（生产油毡的专用纸，主要成分为棉纤维，外加 20%～30% 的废纸）而成的一种无涂盖层的防水卷材，主要用于多层（粘贴式）防水层下层、隔蒸汽层、防潮层等。

（二）高聚物改性沥青防水卷材

以合成高分子聚合物改性沥青为涂盖层，纤维织物或纤维毡为胎体，粉状、粒状、片状或薄膜材料为覆盖材料制成的可卷曲片状防水材料。它克服了传统沥青卷材温度稳定性差、延伸率低的不足，具有高温不流淌、低温不脆裂、拉伸强度较高、延伸率较大等优异性能。高聚物改性沥青防水卷材可分为橡胶型、塑料型和橡塑混合型 3 类。

1. SBS 橡胶改性沥青防水卷材

SBS 橡胶改性沥青防水卷材是采用玻纤毡、聚酯毡、玻纤增强聚酯毡为胎基，苯乙烯-丁二烯-苯乙烯（SDS）热塑性弹性体作改性剂，涂盖在经沥青浸渍后的胎体两面，上表面撒布矿物质粒、片料或覆盖聚乙烯膜，下表面撒布细砂或覆盖聚乙烯膜所制成的新型中、高档防水卷材，是弹性体橡胶改性沥青防水卷材中的代表性品种。SBS 改性沥青防水卷材最大的特点是低温柔韧性能好，同时也具有较好的耐高温性、较高的弹性及延伸率（延伸率可达 150%），以及较理想的耐疲劳性，广泛用于各类建筑防水、防潮工程，尤其适用于寒冷地区和结构变形频繁的建筑物防水。

2. APP 改性沥青防水卷材

APP 改性沥青防水卷材是以聚酯毡、玻纤毡、玻纤增强聚酯毡为胎基，以无规聚丙烯（APP）或聚烯烃类聚合物作石油沥青改性剂，两面覆以隔离材料所制成的防水材料，属塑性体沥青防水卷材中的一种。APP 改性沥青卷材的性能与 SBS 改性沥青性能接近，具有优良的综合性质，尤其是耐热性能好，130 ℃的高温下不流淌，耐紫外线能力比其他改性沥青卷材均强，所以非常适宜用于高温地区或阳光辐射强烈地区，广泛用于各式屋面、地下室、游泳池、桥梁、隧道等建筑工程的防水防潮。

3. 再生橡胶改性沥青防水卷材

用废旧橡胶粉作改性剂，掺入石油沥青中，再加入适量的助剂，经辊炼、压延、硫化而成的无胎体防水卷材。其特点是自重轻，延伸性、耐腐蚀性均较普通油毡好，且价格低廉。适用于屋面或地下接缝等防水工程，尤其适用于基础沉降较大或沉降不均匀的建筑物变形缝处的防水。

4. 焦油沥青耐低温防水卷材

用焦油沥青为基料，聚氯乙烯或旧聚氯乙烯或其他树脂，加上适量的助剂，经共熔、辊炼及压延而成的无胎体防水卷材。由于改性剂的加入，卷材的耐老化及防水性能都得到提高，焦油沥青耐低温防水卷材采用冷施工，其施工性能良好，不仅能在高温下施工，-10 ℃的条件下也能施工，特别适用于多雨地区施工。

5. 铝箔橡胶改性沥青防水卷材

铝箔橡胶改性沥青防水卷材是以橡胶和聚氯乙烯复合改性石油沥青作为浸渍涂盖材料，聚酯毡、麻布或玻纤维毡为胎体，聚乙烯膜为底面隔离材料，软质银白色铝箔为表面保护层的防水材料。特点是具有弹塑混合型改性沥青防水卷材的一切优点。具有很好的耐水性、气密性、耐候性和阳光反射性，能降低室内温度，增强耐老化能力，耐高低温性能好，且强度、延伸率及弹塑性较好。铝箔橡胶改性沥青防水卷材适用于工业与民用建筑层面的单外露防水层，也可用于管道及桥梁防水等。

（三）合成高分子防水卷材

合成高分子防水卷材是指以合成橡胶、合成树脂或两者共混体为基料，加入适量的化学助剂和填充料等，经不同工序加工而成的可卷曲的片状防水材料。合成高分子防水卷材的性能指标较高，如优异的弹性和抗拉强度，使卷材对基层变形的适应性增强；优异的耐候性，使卷材在正常的维护条件下，使用年限更长，可减少维修、翻新的费用。

1. 三元乙丙（EPDM）橡胶防水卷材

三元乙丙橡胶防水卷材是以三元乙丙橡胶为主体原料，掺入适量的丁基橡胶、硫化剂、补强剂等，经密炼、拉片、过滤、压延或挤出成型、硫化等工序加工而成。其耐老化性能优异，使用寿命一般长达 40 余年，弹性和拉伸性能极佳，拉伸强度可达 7 MPa 以上，断裂伸长率可大于 450%，因此，对基层伸缩变形或开裂的适应性强，耐高低温性能优良，-45℃左右不脆裂，耐热温度达 160 ℃，既能在低温条件下进行施工作业，又能在严寒或酷热条件下长期使用。

2. 聚氯乙烯（PVC）防水卷材

PVC 是以聚氯乙烯树脂为主要原料，并加入一定量的改性剂、增塑性等助剂和填充剂，经辊炼、造粒、挤出压延、冷却及分卷包装等工序制成的柔性防水卷材。具有抗渗性能好、抗撕裂强度高、低温柔性较好的特点。PVC 卷材的综合防水性能略差，但其原料丰富，价格较为便宜，适用于新建或修缮工程的屋面防水，也可用于水池、地下室、堤坝、水渠等防水抗渗工程。

3. 氯化聚乙烯-橡胶共混防水卷材

氯化聚乙烯-橡胶共混防水卷材是以氯化聚乙烯树脂和合成橡胶共混物为主体，加入适量的硫化剂、促进剂、稳定剂、软化剂和填充料等，经过密炼、辊炼、过滤、压延或挤出成型、硫化、分卷包装等工序制成的防水卷材。具有优异的耐老化性、高弹性、高延伸性及优异的耐低温性，对地基沉降、混凝土收缩的适应强。氯化聚乙烯-橡胶共混防水卷材可用于各种建材的屋面、地下、地下水池及水库等工程，尤其宜用于寒冷地区和变形较大的防水工程以及单层外露防水工程。

二、刚性防水材料

（一）防水混凝土

防水混凝土包括普通防水混凝土、掺外加剂防水混凝土、膨胀水泥防水混凝土。普通防水混凝土是以调整配合比的方法来提高自身密实性和抗渗性要求的混凝土，施工简便、造价低廉、质量可靠，适用于地上和地下防水工程。掺外加剂防水混凝土是在混凝土拌合物中加入微量有机物（减水剂、三乙醇胺）或无机盐（如氯化铁），提高混凝土的密实性和抗渗性。减水剂防水混凝土具有良好的和易性，可调节凝结时间，适用于泵送混凝土及薄壁防水结构。三乙醇胺防水混凝土早期强度高，抗渗性能好，适用于工期紧迫、要求早强及抗压大于 2.5 MPa 的防水工程。氯化铁防水混凝土具有较高的密实性和抗渗性，抗渗压达 2.5 ~ 4.0 MPa，适用于水下、深层防水工程或修补堵漏工程。膨胀水泥防水混凝土是利用膨胀水泥水化时产生的体积膨胀，使混凝土在约束条件下的抗裂性和抗渗性获得提高，主要用于地下防水工程和后灌缝。

（二）沥青油毡瓦

沥青油毡瓦是以无纺玻璃纤维毡为胎基，经浸涂石油沥青后，一面覆盖彩色矿物粒料，另一面撒以隔离材料所制成的优质高效的瓦状改性沥青防水材料。沥青油毡瓦具有轻质、美观的特点，适用于各种形式的屋面。

（三）金属屋面

金属屋面是指采用金属板材作为屋盖材料，将结构层和防水层合二为一的屋盖形式。金属板材有锌板、镀铝锌板、铝合金板、铝镁合金板、钛合金板、铜板、不锈钢板等，金属屋面具有质量轻、构造简单、强度高、抗腐蚀、防水性能好的特点，属于环保型和节能型材料。其广泛用于民用公共建筑及工业建筑的屋顶，如体育场、遮阳棚、展览馆、体育馆、礼堂、工业厂房等建筑。

（四）其他新型材料防水屋面

其他新型材料防水屋面包括聚氯乙烯瓦（UPVC 轻质屋面瓦）、阳光板、"膜结构"防水屋面等。聚氯乙烯瓦（UPVC 轻质屋面瓦）是以硬质聚氯乙烯（UPVC）为主要材料，分别加以稳定剂、润滑剂、填料以及光屏蔽剂、紫外线吸收剂、发泡剂等，经混合塑化三层共挤出成型而得的三层共挤芯层发泡板。阳光板学名聚碳酸酯板，是一种新型的高强、防水、透光、节能的屋面材料，以聚碳酸塑料（PC）为原料，经热挤出工艺加工成型的透明加筋中空板或实心板，综合性能好，既防水又有装饰效果，应用广泛。膜材是一种新型膜结构屋面的主要材料，膜结构建筑的特点是不需要梁（屋架）和刚性屋面板，只以膜材由钢支架、钢索支撑和固定，具有造型美观、独特的特点，结构形式简单，表现效果好，广泛用于体育馆、展厅等。

三、防水涂料

防水涂料是将在高温下呈黏稠液状态的物质，涂布在基体表面，经溶剂或水分挥发或各组分间的化学变化，形成具有一定弹性的连续薄膜，使基层表面与水隔绝，并能抵抗一定的水压力，从而起到防水和防潮作用。防水涂料广泛应用于工业与民用建筑的屋面防水工程、地下室防水工程和地面防潮、防渗等，尤其是不规则部位的防水。防水涂料质量检验项目主要有延伸或断裂延伸率、固体含量、柔性、不透水性和耐水热度，按照成膜物质的主要成分可分为高聚物改性沥青防水涂料和合成高分子防水涂料。

（一）高聚物改性沥青防水涂料

高聚物改性沥青防水涂料是指以沥青为基料，用合成高分子聚合物进行改性，制成的水乳型或溶剂型防水涂料。其在柔韧性、抗裂性、拉伸强度、耐高低温性能、使用寿命等方面比沥青基涂料有很大改善，有聚氯乙烯改性沥青防水涂料、SBS 橡胶改性沥青防水涂料、再生橡胶改性防水涂料、氯丁橡胶改性沥青防水涂料等，适用于 Ⅱ、Ⅲ、Ⅳ 级防水等级的屋面、地面、混凝土地下室和卫生间等的防水工程。

（二）合成高分子防水涂料

合成高分子防水涂料是指以合成橡胶或合成树脂为主要成膜物质制成的单组分或多组分的防水涂料。这类涂料具有高弹性、高耐久性及优良的耐高低温性能，有聚氨酯防水涂料、丙烯酸酯防水涂料、环氧树脂防水涂料和有机硅防水涂料等，适用于 Ⅰ、Ⅱ、Ⅲ级防水等级的屋面、地下室、水池等防水工程。

四、建筑密封材料

建筑密封材料是能承受接缝位移达到气密、水密目的而嵌入建筑接缝的材料。建筑密封材料分为具有一定形状和尺寸的定形密封材料（如止水条、止水带等），以及各种膏糊状的不定形密封材料（如腻子、胶泥、各类密封膏等）。

（一）不定形密封材料

1. 沥青嵌缝油膏

沥青嵌缝油膏是以石油沥青为基料，加入改性材料、稀释剂及填充料混合制成的冷用膏状密封材料。主要用于各种混凝土屋面板、墙板、沟槽等建筑节点的防水密封。

2. 聚氨酯密封膏

聚氨酯密封膏是以异氯酸基为基料，与含有活性氢化物的固化剂组成的一种常温固化弹性密封材料。聚氨酯密封膏在常温下固化，有着优异的弹性、耐热耐寒性能，耐久性良好，可以作为屋面、墙面的水平或垂直接缝，尤其是游泳池工程，还是公路及机场跑道的接缝、补缝的好材料，也可用于玻璃、金属材料的嵌缝。

3. 丙烯酸类密封膏

丙烯酸类密封膏是在丙烯酸酯乳液中渗入表面活性剂、增塑剂、分散剂、碳酸钙、增量剂等配置而成的水乳型材料。具有良好的黏结性能、弹性和低温柔韧性，无毒、无溶剂污染，并具有优异的耐候性和抗紫外线性能。它主要用于屋面、墙板、门、窗嵌缝，但耐水性差，因此不宜用于广场、公路、桥面等有交通来往的接缝中，也不用于水池、污水厂、灌溉系统、堤坝等水下接缝中。

4. 硅酮密封胶

硅酮密封胶是以有机硅氧烷为主剂，加入适量硫化剂、硫化促进剂、增强填充料和颜料等塑成的。硅酮建筑密封膏属高档密封膏，它具有优异的耐热、耐寒性和耐候性能，与各种材料有着较好的黏结性，耐伸缩疲劳性强，耐水性好。根据《硅酮建筑密封胶》（GB/T 14683—2017）的规定，将硅酮密封胶按用途分为 F 类和 Gn 及 Gw 三类。其中 F 类为建筑接缝用密封胶，适用于预制混凝土墙板、水泥板、大理石板的外墙接缝，混凝土和金属框架的黏结，卫生间和公路缝的防水密封等；Gn 类为普通装饰装修镶装玻璃用，不适用于中空玻璃；Gw 类为建筑幕墙非结构性装配用，不适用于中空玻璃。

（二）定形密封材料

定形密封材料包括密封条带和止水带，如铝合金门窗橡胶密封条、丁腈胶-PVC 门窗密封条、自黏性橡胶、橡胶止水带、塑料止水带等。

📖💡 拓展知识一

地下工程预铺反黏防水技术

📖💡 拓展知识二

装配式建筑密封防水应用技术

任务 8.2　石油沥青性能检测

8.2.1　任务描述

任务单

任务 2	石油沥青性能检测	学时	6
学习目标	1. 掌握石油沥青针入度试验操作步骤； 2. 能够严格按照规范要求独立进行针入度试验操作； 3. 能够根据试验结果评定石油沥青的黏滞性； 4. 会制订小组任务实施计划，组织实施后形成评价反馈； 5. 能够科学严谨地分析问题、解决问题		
任务描述	根据项目施工进度，现西安某住宅小区需要进行 3 号楼屋面防水工程，请按照《沥青针入度测定法》（GB/T 4509—2010）与《建筑石油沥青》（GB/T 494—2010）进行石油沥青针入度检测，具体要求： 1. 按照规范制备石油沥青试样； 2. 按照规范检测石油沥青针入度； 3. 填写检测记录表； 4. 评定石油沥青的黏滞性		
资讯问题	1. 石油沥青如何生产？		
	2. 石油沥青的塑性如何检测？		
	3. 石油沥青的针入度如何检测？		
	4. 石油沥青的温度稳定性如何检测？		
	5. 石油沥青的技术标准是什么？		
资讯引导	查阅书籍和相关规范、标准，利用国家、省级、校内课程资源学习。 相关规范：《沥青针入度测定法》（GB/T 4509—2010）；《建筑石油沥青》（GB/T 494—2010）		
思政资源	 中国石化首批新型防水沥青试生产成功		

8.2.2 任务实施

实施单

任务 2	石油沥青性能检测		学时	6
班级			组号	
实施方式	按最佳计划，各小组成员共同完成实施工作			
试验内容	石油沥青针入度试验			
试验环境	温度	湿度		是否满足试验要求	是 否
试验方法				
试验设备				
试验步骤				
试验结果与分析				
组长签字		教师签字		日期：　年　月　日

8.2.3 评价反馈

教学反馈单

任务2	石油沥青性能检测		学时	6
班级		学号	姓名	
调查方式	对学生知识掌握、能力培养的程度，学习与工作的方法及环境进行调查			

序号	调查内容	是	否
1	你清楚石油沥青的三大性能吗？		
2	你能列出石油沥青黏度的检测方法吗？		
3	你能列出石油沥青针入度检测的设备清单吗？		
4	你学会了石油沥青针入度的检测方法吗？		
5	你学会了判定石油沥青针入度结果吗？		
6	你对本任务的教学方式满意吗？		
7	你对本小组的学习和工作满意吗？		
8	你对教学环境适应吗？		
9	你有规范计算取值的意识吗？		

其他改进教学的建议：

本调查人签名		调查时间	年 月 日

8.2.4　任务拓展

能力提升单

任务 2	石油沥青性能检测		学时	6
班级		学号		姓名	

巩固强化练习	 线上答题练习
拓展任务	工程案例： 　请比较下列 A、B 两种建筑石油沥青的针入度、延度及软化点，测定值见表 8-1，试分析对于南方夏季炎热地区屋面，选用哪种沥青较合适。 表 8-1　A、B 两种石油沥青的技术指标 <table><tr><td>编号</td><td>针入度/0.01 mm （20 ℃，100 g，5 s）</td><td>延度/cm （25 ℃，5 cm/min）</td><td>软化点（环球法） /℃</td></tr><tr><td>A</td><td>31</td><td>5.5</td><td>72</td></tr><tr><td>B</td><td>23</td><td>2.5</td><td>102</td></tr></table>
工作过程	
组长签字		老师签字		日期：　　年　月　日	

8.2.5 相关知识

沥青是一种有机胶凝材料，它是复杂的高分子碳氢化合物及其非金属（氧、硫、氮等）衍生物的混合物。沥青在常温下呈现固态、半固态或液态，能溶于二硫化碳、四氯化碳、苯、汽油、三氯甲烷、丙酮等多种有机溶剂，具有不导电、不吸水、耐酸、耐碱、耐腐蚀等性能，在建筑工程中主要用于屋面工程、地下防水工程、防腐蚀工程、铺筑道路以及储水池、浴池等的防水防潮层，还可用于制作防水卷材、防水涂料、胶黏剂等。目前工程中常用的是石油沥青，另外还有少量的煤沥青。本节主要介绍石油沥青的相关知识。

石油沥青是石油原油经蒸馏提炼出各种轻质油（如汽油、柴油等）及润滑油以后的残留物，再经过加工而得的产品。

一、石油沥青的组分

石油沥青是由许多高分子碳氢化合物及其非金属（氧、硫、氮等）衍生物组成的复杂混合物，很难将其逐个分离。常将沥青中化学成分及物理力学性质相近的物质划分为若干个组，这些组就称为"组分"。

石油沥青的组分有油分、树脂、地沥青质等，各组分的主要特性如下：

（1）油分为淡黄色至红褐色的油状液体，是沥青中相对分子质量最小和密度最小的组分，密度为 0.7 ~ 1.0 g/cm³，能溶于石油醚、二硫化碳、三氯甲烷、苯、四氯化碳和丙酮等有机溶剂中，但不溶于酒精。油分赋予沥青以流动性，但其含量较多时会导致沥青的温度稳定性差。

（2）树脂（沥青脂胶）为黄色至黑褐色黏稠状物质（半固体），相对分子质量（650 ~ 1 000）比油分大，密度为 1.0 ~ 1 g/cm³，一般在沥青中的含量为 15% ~ 30%。沥青脂胶大部分属于中性树脂。中性树脂能溶于三氯甲烷、汽油和苯等有机溶剂，但在酒精和丙酮中难溶解或溶解度很低，它赋予沥青以良好的黏结性、塑性和可流动性。中性树脂含量越高，石油沥青的延度和黏结力等品质越好。另外，沥青树脂中还含有少量的酸性树脂，即地沥青酸和地沥青酸酐，是沥青中的表面活性物质，它改善了石油沥青对矿物材料的浸润性，特别是提高了对碳酸盐类岩石的黏附性，并有利于石油沥青的可乳化性。

（3）地沥青质（沥青质）为深褐色至黑色固态无定形物质（固体粉末），相对分子质量（1 000 以上）比树脂更大，密度为 1.1 ~ 1.5 g/cm³，不溶于酒精、正戊烷，但溶于三氯甲烷和二硫化碳，染色力强。地沥青质是决定石油沥青温度敏感性、黏性的重要组成部分，一般在沥青中的含量为 10% ~ 30%。其含量越多，则温度稳定性越好，软化点越高，黏性越大，但越硬脆。

另外，石油沥青中还含有 2% ~ 3% 的沥青碳和似碳物，是石油沥青中相对分子质量最大的，它降低了石油沥青的黏结力。石油沥青中还含有一定量的固体石蜡，它会降低石油沥青的黏结性和塑性，同时对温度特别敏感（即温度稳定性差），是石油沥青中的有害成分。

二、石油沥青的技术性质

1. 黏滞性

石油沥青的黏滞性又称黏性，它反映石油沥青在外力作用下抵抗变形的能力。石油沥青的黏滞性与其组分及所处的环境温度有关，一般地沥青质含量增加，其黏滞性变大；温度升高，其黏滞性降低。

黏滞性应以绝对黏度表示，但因其测定方法较复杂，故工程中常用相对黏度（条件黏度）来表示黏滞性，对半固体或固体的石油沥青用针入度表示，对液体石油沥青则用黏滞度表示。

石油沥青的针入度是在规定温度（25 ℃）条件下，以规定质量（100 g）的标准针，在规定时间（5 s）内贯入试样中的深度来表示，单位以 0.1 mm 计。针入度反映石油沥青抵抗剪切变形的能力。针入度值越小，表明黏滞性越大。

黏滞度是将一定量的液体沥青，在某温度下经一定直径的小孔流出 50 cm³ 所需的时间，以秒（s）表示。常用符号"T_d^t"表示黏滞度，其中 d 为小孔直径（mm），t 为试样温度，T 为流出 50 cm³ 沥青的时间。d 有 10 mm、5 mm、3 mm 三种，t 通常为 25 ℃ 或 60 ℃。

2. 塑　性

塑性指在外力作用下产生变形而不破坏，除去外力后，仍能保持变形后形状的性质。石油沥青的塑性与其组分、温度及拉伸速度有关，树脂含量越多，塑性越大；温度升高，塑性增大。

在常温下，塑性较好的沥青在产生裂缝时，由于自身的塑性而自行愈合，故塑性反映沥青开裂后的自愈能力。

石油沥青的塑性用延度表示。延度越大，塑性越好。延度测定是把沥青制成"8"字形标准试件，置于延度仪内 25 ℃ 的水中，以 5 cm/min 的速度拉伸，用拉断时的伸长度表示，单位以"cm"计。

3. 温度敏感性

温度敏感性是指石油沥青的黏滞性和塑性随温度升降而变化的性能。由于沥青是一种高分子非晶态热塑性物质，故没有一定的熔点，沥青的黏滞性和塑性随温度变化而变化。温度敏感性与其组分和含蜡量有关，石油沥青中地沥青质含量较多时，其温度敏感性较小。在工程中使用时往往加入滑石粉、石灰石粉等矿物填料，以减小其温度敏感性。沥青中含蜡量较多时，在温度较高（60 ℃ 左右）时易发生流淌，在温度较低时又易变硬开裂。

温度敏感性以软化点指标表示，即沥青受热由固态转变为具有一定流动性膏体时的温度。沥青软化点一般采用"环球法"测定。它是把沥青试样装入规定尺寸（直径 15.88 m，高 6 mm）的铜环内，试样上放置一标准钢球（直径 9.53 mm，质量 3.5 g）浸入水或甘油中，以规定的速度升温（5 ℃/min），当沥青软化下垂至规定距离（25.4 mm）时的温度即为其软化点，以摄氏度（℃）计。

另外，沥青的脆点是反映温度敏感性的另一个指标，它是指沥青从高弹态转到玻璃态过程中的某一规定状态的相应温度，该指标主要反映沥青的低温变形能力，寒冷地区使用的沥青应考虑沥青的脆点。沥青的软化点越高，脆点越低，则沥青的温度敏感性越小。

4. 大气稳定性

石油沥青在热、阳光、氧气或潮湿等大气因素的长期综合作用下抵抗老化的性能，称为石油沥青的大气稳定性，即沥青材料的耐久性。在大气因素的综合作用下，沥青中各组分会发生不断递变，低分子化合物将逐步转变成高分子物质，即油分和树脂逐渐减少，而地沥青质逐渐增多。石油沥青随着时间的推移，流动性和塑性将逐渐减小，硬脆性逐渐增大，直至脆裂。这个过程称为石油沥青的"老化"。所以，大气稳定性即为沥青抵抗老化的性能。

石油沥青的大气稳定性以加热蒸发损失百分率和加热前后针入度比来评定。其测定方法是：先测定沥青试样的质量及其针入度，然后将试样置于烘箱中，在 160 ℃ 下加热蒸发 5 h，待冷却后再测其质量及针入度。计算出蒸发损失质量占原质量的百分数，称为蒸发损失百分率；测得蒸发后针入度占原针入度的百分数，称为蒸发后针入度比。蒸发损失百分数越小和蒸发后针入度比越大，表示沥青的大气稳定性越好，即"老化"越慢。

以上四种性质是石油沥青材料的主要性质，前三项是划分石油沥青牌号的依据。此外，为评定沥青的品质和保证施工安全，还应了解石油沥青的溶解度、闪点和燃点等性质。溶解度是指石油沥青在三氯乙烯、四氯化碳或苯中溶解的百分率，以表示沥青中有效物质的含量，即纯净程度。

闪点是指沥青加热至挥发出的可燃气体与空气的混合物，在规定条件下与火接触，初次闪火（有蓝色光）时的温度。

燃点是指沥青加热至挥发出的可燃气体与空气的混合物，与火接触能持续燃烧 5 s 以上时的温度。

闪点和燃点的高低，反映沥青引起火灾或爆炸的可能性大小，它关系到运输、储存和加热使用方面的安全。各种沥青的最高加热温度必须低于其闪点，为安全起见，沥青加热时还应与火隔离。

三、石油沥青的性能检测

（一）试验一　沥青针入度试验

1. 目的与适用范围

针入度试验是国际上经常用来测定黏稠（固体、半固体）沥青稠度的一种方法，通常稠度高的沥青，针入度值小，表示沥青较硬；相反，稠度低的沥青，针入度值大，表示沥青较软。我国现行标准是以针入度为等级来划分沥青的标号。

本方法适用于测定道路石油沥青、改性沥青针入度以及液体石油沥青蒸馏或乳化沥青蒸发后残留物的针入度。其标准试验条件为温度 25 ℃，荷重 100 g，贯入时间 5 s，针入度以 0.1 mm 计。

2. 仪器与材料

（1）针入度仪（见图 8-1）：针和针连杆组合件总质量为 50 g ± 0.05 g，另附 50 g ± 0.05 g 砝码一只，试验时总质量为 100 g ± 0.05 g。

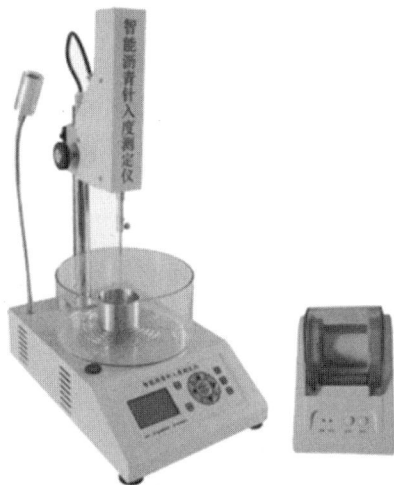

图 8-1　针入度仪

（2）标准针：由硬化回火的不锈钢制成，针及针杆总质量为 2.5 g ± 0.05 g。

（3）盛样皿：圆柱形平底金属试杯。小盛样皿内径 55 mm，深 35 mm，适用于针入度小于 200（0.1 mm）；大盛样皿内径 70 mm，深 45 mm，适用于针入度 200～350（0.1 mm）。

（4）恒温水槽：容量不小于 10 L，控温的准确度为 0.1 ℃。

（5）平底玻璃皿：容量不小于 1 L，深度不小于 80 mm，内设有一不锈钢三脚架，能使盛样皿稳定。

（6）温度计：0～50 ℃，分度为 0.1 ℃。

（7）秒表：分度 0.1 s。

（8）盛样皿盖：平板玻璃，直径不小于盛样皿开口尺寸。

（9）溶剂：三氯乙烯等。

（10）其他：电炉或砂浴、石棉网、金属锅或瓷坩埚等。

3. 方法与步骤

1）准备工作

（1）按下述方法准备沥青试样：

① 将装有试样的盛样器带盖放入恒温烘箱中，烘箱温度 80 ℃ 左右，加热至沥青全部熔化。将盛样器皿放在有石棉垫的炉具上缓慢加热，时间不超过 30 min，并用玻璃棒轻轻搅拌，在沥青温度不超过 100 ℃ 的条件下，仔细脱水至无泡沫为止，最后的加热温度不超过软化点以上 100 ℃（石油沥青）或 50 ℃（煤沥青）。

② 将盛样器中的沥青通过 0.6 mm 的滤筛过滤,分装入擦拭干净并干燥的一个或数个沥青盛样器皿中,数量应满足一批试验项需要的沥青样品并有富余。

注:试样冷却后反复加热的次数不得超过 2 次,以防沥青老化影响试验结果。

(2)按试验要求将恒温水槽调节到要求的试验温度(25 ℃、15 ℃ 或 30 ℃、5 ℃等),保持稳定。

(3)将试样注入盛样皿中,试样高度应超过预计针入度值 10 mm,并盖上盛样皿,以防落入灰尘。盛有试样的盛样皿在 15 ~ 30 ℃ 室温中冷却不少于 1.5 h(小盛样皿)、不少于 2 h(大盛样皿)或不少于 2.5 h(特殊盛样皿)后移入保持规定试验温度 ±0.1 ℃的恒温水槽中不少于 1.5 h(小盛样皿)、不少于 2 h(大盛样皿)或不少于 2.5 h(特殊盛样皿)。

(4)调整针入度仪使之水平。检查针连杆和导轨,以确认无水和其他外物,无明显摩擦。用三氯乙烯或其他溶剂清洗标准针,并拭干。将标准针插入针连杆,用螺钉固紧。按试验条件,加上附加砝码。

2)试验步骤

(1)将盛样皿移入平底玻璃皿中:取出达到恒温的盛样皿,并移入水温控制在试验温度 ±0.1 ℃(可用恒温水槽中的水)的平底玻璃皿中的三脚支架上,试样表面以上的水层深度不少于 10 mm。

(2)调节针尖与试样表面接触:将盛有试样的平底玻璃皿置于针入度仪的平台上。慢慢放下针连杆,用适当位置的反光镜或灯光反射观察,使针尖恰好与试样表面接触。

(3)标准针贯入试样:按下试验按钮,使标准针自动下落贯入试样,经规定时间5 s,针停止移动。

(4)读取读数:读取指示器的读数,准确至 0.5(0.1 mm)。

(5)平行试验:同一试样平行试验至少 3 次,各测试点之间及与盛样皿边缘的距离不应少于 10 mm。每次试验后应将盛有盛样皿的平底玻璃皿放入恒温水槽,使平底玻璃皿中水温保持试验温度。每次试验应换一根干净标准针或将标准针取下用蘸有三氯乙烯溶剂的棉花或布揩净,再用干棉花或布擦干。

(6)测定针入度大于 200(0.1 mm)的沥青试样时,至少用 3 支标准针,每次试验后将针留在试样中,直至 3 次平行试验完成后,才能将标准针取出。

4. 报 告

(1)应报告标准温度(25 ℃)时的针入度 P_{25} 以及其他试验温度 T 所对应的针入度 P,由此求得针入度指数 P_1。

(2)同一试样 3 次平行试验结果的最大值和最小值之差在下列允许偏差范围(见表8-2)内时,计算 3 次试验结果的平均值,取整数作为针入度试验结果,以 0.1 mm 为单位。当试验值不符合此要求时,应重新进行。

表 8-2 沥青针入度重复性试验允许偏差范围

针入度(0.1 mm)	允许差值(0.1 mm)	针入度(0.1 mm)	允许差值(0.1 mm)
0 ~ 49	2	150 ~ 249	12
50 ~ 149	4	250 ~ 500	20

5. 精密度或允许差

（1）当试验结果小于 50（0.1 m）时，重复性试验的允许差为 2（0.1 mm），再现性试验允许差为 4（0.1 mm）。

（2）当试验结果大于或等于 50（0.1 m）时，重复性试验的允许差为平均值的 4%，再现性试验的允许差为平均值的 8%。

6. 注意事项

（1）盛样皿试样的高度应大于预计针入度 10 mm。灌模时不应留有气泡，如有气泡，可用明火消掉，以免影响试验结果。

（2）要注意试验条件，针入度试验的条件分别为温度、时间和针质量，如三项要求不同，会影响结果的正确性。要严格控制试验温度，测定时试样表面以上的水层深不小于 10 mm，不能使用针尖破损的标准针。

（3）影响针入度测定值的关键步骤是标准针与试样表面的接触情况。试验时一定要让针尖刚好与试样表面接触。

（4）同一试样平行试验至少 3 次，各测试点之间及测试点与盛样皿边缘之间的距离不应小于 10 mm，3 次平行试验结果的最大值和最小值之差应在规定的允许偏差范围内，否则试验应重做。

（二）试验二　沥青延度试验

1. 目的与适用范围

（1）沥青的塑性是当沥青受到外力的拉伸作用时，所能承受的塑性变形的总能力，通常用延度作为塑性指标来表征。

（2）本方法适用于测定道路石油沥青、聚合物改性沥青、液体沥青蒸馏残留物和乳化沥青蒸发残留物等材料的延度。

（3）沥青延度的试验温度与拉伸速度可根据要求采用，通常采用的试验温度为 25 ℃、15 ℃、10 ℃ 或 5 ℃，拉伸速度为 5 cm/min ± 0.25 cm/min。当低温采用 1 cm/min ± 0.05 cm/min 拉伸速度时，应在报告中注明。

2. 仪器与材料

（1）延度仪（见图 8-2）：测量长度不宜大于 150 cm，将试件浸没于水中能保持规定的试验温度及按照规定拉伸速度拉伸试件且试验时无明显振动的延度仪均可使用。

图 8-2　沥青延度仪

（2）试模（见图 8-3）：黄铜制成，由两个端膜和两个侧模组成。

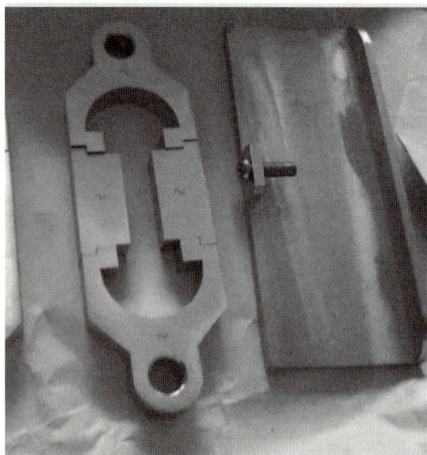

图 8-3　试模

（3）试模底板：玻璃板或磨光的铜板、不透明板。

（4）恒温水槽。

（5）温度计：0 ~ 50 ℃，分度为 0.1 ℃。

（6）砂浴或其他加热炉具。

（7）甘油滑石粉隔离剂：甘油与滑石粉的质量比为 2∶1。

（8）其他：平刮刀、石棉网、酒精、食盐等。

3. 方法与步骤

1）准备工作

（1）将隔离剂拌和均匀，涂于清洁干燥的试模底板和两个侧模的内侧表面，并将试模底板装妥。

（2）按规定的方法准备试样，然后将试样仔细地自试模的一端至另一端往返数次缓缓注入模中，最后略高出试模，灌模时应注意勿使气泡混入。

（3）试件在室温中冷却不少于 1.5 h，用热刮刀刮除高出试模的沥青，使沥青面与试模面齐平。沥青的刮法应自试模的中间刮向两端，且表面应刮得平滑。将试模连同底板再浸入规定试验温度的水槽中不少于 1.5 h。

（4）检查延度仪延伸速度是否符合规定要求，然后移动滑板使其指针正对标尺的零点。将延度仪注水，并保温达试验温度 ± 0.5 ℃。

2）试验步骤

（1）试模安放在延度仪金属柱上：将保温后的试件连同底板移入延度仪的水槽中，然后将盛有试样的试模自玻璃板或不锈钢板上取下，将试模两端的孔分别套在滑板及槽端固定板的金属柱上，并取下侧模。水面距试件表面应不小于 25 mm。

（2）拉伸试件：开动延度仪，并注意观察试样的延伸情况。此时应注意，在试验过程中，水温应始终保持在试验温度规定范围内，且仪器不得有振动，水面不得有晃动。当水槽采用循环水时，应暂时中断循环，停止水流。在试验中，如发现沥青细丝浮于水面或沉入槽底时，则应在水中加入酒精或食盐，调整水的密度至与试样相近后，重新试验。

（3）读取读数：试件拉断时，读取指针所指标尺上的读数，以"cm"表示。在正常情况下，试件延伸时应呈锥尖状，拉断时实际断面接近于零。如不能得到这种结果，则应在报告中注明。

4. 报　　告

同一试样，每次平行试验不少于 3 个，如 3 个测定结果均大于 100 cm，结果记作">100 cm"，有特殊需要时也可分别记录实测值。如 3 个测定结果中，有一个以上的测定值小于 100 cm 时，若最大值或最小值与平均值之差满足重复性试验精密度要求，则取 3 个测定结果的平均值的整数作为延度试验结果，若平均值大于 100 cm，记作">100 cm"。若最大值或最小值与平均值之差不符合重复性试验精密度要求时，试验应重新进行。

5. 精密度或允许差

当试验结果小于 100 cm 时，重复性试验的允许差为平均值的 20%，再现性试验的允许差为平均值的 30%。

6. 注意事项

（1）在浇筑试样时，隔离剂配置要适当，以免试样取不下来，对于黏结在玻璃板上的试样，应放弃。在试模底部涂隔离剂时，不宜太多，以免隔离剂占用试样部分体积，冷却后造成试样断面不合格，影响试验结果。

（2）在灌模时应使试样高出试模，以免试样冷却后欠模，灌模时勿使气泡混入。

（3）刮平时应将沥青面与试模面齐平，尤其是试模的中部，不应有凹陷或高出现象。

（4）拉伸过程中水温应在规定范围内，且仪器不得有振动，水面不得有晃动，水面应距试件表面不小于 25 mm。

📖💡 **拓展知识**

煤沥青

改性沥青

任务 8.3 防水材料性能检测

8.3.1 任务描述

任务单

任务 3	防水材料性能检测		学时	4
		布置任务		
学习目标	1. 熟悉防水材料性能检测的一般规定； 2. 掌握沥青防水卷材的拉伸性能测定试验步骤； 3. 能够根据工程需求独立完成改性沥青防水卷材拉伸性能测定； 4. 会制订小组任务实施计划，组织实施后形成评价反馈； 5. 能够科学严谨地分析问题、解决问题			
任务描述	根据项目施工进度，现西安某住宅小区需要进行 3 号楼屋面防水施工，本次工程使用改性沥青防水卷材。请按照《建筑防水卷材试验方法 第 8 部分：沥青防水卷材 拉伸性能》（GB/T 328.8—2007）进行改性沥青防水卷材拉伸性能检测，具体要求： 1. 根据任务制本小组工作计划； 2. 按照规范要求制作试样； 3. 按照规范进行改性沥青防水卷材拉伸性能检测； 4. 按照结果判定改性沥青防水卷材拉伸性能			
资讯问题	1. 防水卷材有哪几类？			
	2. 防水卷材检测的一般规定是什么？			
	3. 影响防水卷材拉伸性能的因素有哪些？			
	4. 如何提高防水卷材的拉伸性能？			
	5. 测定沥青防水卷材拉伸性能的方法和步骤是什么？			
资讯引导	查阅书籍和相关规范、标准，利用国家、省级、校内课程资源学习。 　　相关规范：《建筑防水卷材试验方法 第 8 部分：沥青防水卷材 拉伸性能》（GB/T 328.8—2007）			
思政资源	<div align="center">建筑防水材料产业结构调整升级</div>			

8.3.2　任务实施

实施单

任务 3	防水材料性能检测		学时	4
班级			组号	
实施方式	按最佳计划，各小组成员共同完成实施工作			
试验内容	改性沥青防水卷材拉伸性能测试			
试验方法				
试验设备				
试验步骤				
试验结果与分析				
组长签字		教师签字		日期：　年　月　日

8.3.3 评价反馈

教学反馈单

任务3		防水材料性能检测		学时		4
班级		学号			姓名	
调查方式		对学生知识掌握、能力培养的程度，学习与工作的方法及环境进行调查				
序号		调查内容			是	否
1		你清楚改性沥青防水卷材的性能吗？				
2		你能列出改性沥青防水卷材的类型吗？				
3		你学会了改性沥青防水卷材拉伸性能检测的方法吗？				
4		你对本任务的教学方式满意吗？				
5		你对本小组的学习和工作满意吗？				
6		你对教学环境适应吗？				
7		你有规范计算取值的意识吗？				
其他改进教学的建议：						
本调查人签名				调查时间		年　月　日

8.3.4　任务拓展

能力提升单

任务 3	防水材料性能检测		学时	4
班级		学号	姓名	
巩固强化练习	 线上答题练习			
拓展任务	工程案例： 　　本工程位于陕西省西安市丰信路与公园大街交汇处东南角，建筑总高度 16 层，51.33 m；主楼结构形式为剪力墙结构，设计使用年限 70 年，建筑结构安全等级为二级，混凝土结构环境类别为一、二 a、二 b。现需要进行屋面防水工程施工，根据相关规范，测定改性沥青防水卷材不透水性。 　　任务发布： 　　请各小组同学根据给定资料，在充分调研原材料情况的前提下，选取适当的检测方法，完成屋面防水工程中改性沥青防水卷材不透水性检测报告，并将结果提交			
工作过程				
组长签字		老师签字	日期：　　年　月　日	

8.3.5 相关知识

一、防水卷材检测的一般规定

试验依据：《弹性体改性沥青防水卷材》（GB 18242—2008）。

（1）取样方法。以同一类型、同一规格 10 000 m² 为一批，不足 10 000 m² 时也可作为一批。在每批产品中随机抽取 5 卷进行单位面积质量、面积、厚度及外观检查。从单位面积质量、面积、厚度及外观合格的卷材中随机抽取 1 卷进行物理力学性能试验。

（2）试件制备。将取样的一卷卷材切除距外层卷头 2 500 mm 后，取 1 m 长的卷材按表 8-3 中要求的尺寸和数量截取试件。

表 8-3　试件尺寸和数量

序号	试验项目		试件形状（纵向×横向）/mm×mm	数量/个
1	可溶物含量		100×100	3
2	耐热量		125×100	纵向 3
3	低温柔性		150×25	纵向 10
4	不透水性		150×150	3
5	拉力及延伸率		（250～320）×50	纵横各项 5
6	浸水后质量增加		（250～320）×50	纵向 5
7	热老化	拉力及延伸率保持率	（250～320）×50	纵横各项 5
		低温柔性	150×25	纵向 10
		尺寸变化率及质量损失	（250～320）×50	纵向 5
8	渗油性		50×50	3
9	接缝剥离强度		400×200（搭接边处）	纵向 2
10	钉杆撕裂强度		200×100	纵向
11	矿物粒料黏附性		265×50	纵向
12	卷材下表面沥青涂盖层厚度		200×50	纵向
13	人工气候加速老化	拉力保持率	120×25	纵横各项 5
		低温柔性	120×25	纵向 10

二、改性沥青防水卷材拉伸性能测试

（一）试验原理及方法

将试样两端置于夹具内夹牢，然后在两端同时施加拉力，试件以恒定的速度拉伸至断裂。连续记录试验中拉力和对应的长度变化。

（二）试验目的

通过拉伸试验，检验卷材抵抗拉力破坏的能力，作为选用卷材的依据。

（三）主要仪器设备

拉伸试验机：有连续记录力和对应距离的装置，能按规定的速度均匀地移动夹具，有足够的量程（至少 2 000 N）和夹具移动速度［（100±10）mm/min］，夹具宽度不小于 50 mm；量尺：精确度 1 mm。

（四）试验步骤

（1）试件制备。整个拉伸试验应制备两组试件，一组纵向 5 个试件，一组横向 5 个试件。试件在试样上距边缘 100 mm 以上任意截取，矩形试件宽为（50±0.5）mm，长为（200±0.5）mm，长度方向为试验方向。

（2）试验应在（23±2）℃的条件下进行。试件在试验前在（23±2）℃和相对湿度 30%～70%的条件下至少放置 20 h。

（3）将试件紧紧地夹在拉伸试验机的夹具中，注意试件长度方向的中线与试验夹具中心在一条线上。夹具间距离为（200±2）mm，为防止试件从夹具中滑移，应做标记。

（4）开动试验机使受拉试件受拉，夹具移动的恒定速度为（100±10）mm/min。

（5）连续记录拉力和对应的夹具间距离。

（五）数据处理及试验结果

（1）分别计算纵向或横向 5 个试件最大拉力的算术平均值（修约至 5 N）作为卷材纵向或横向拉力，单位为 N/50 mm，平均值达到标准规定的指标时判为合格。

（2）延伸率 E（%）按下式计算：

$$E = (L_1 - L_0) / L \times 100\%$$

式中　L_1——试件最大拉力时的标距（mm）；

　　　L_0——试件初始标距（mm）；

　　　L——夹具间距离（mm）。

分别计算纵向或横向 5 个试件最大拉力时延伸率的算术平均值（修约至 1%）作为卷材纵向或横向延伸率，平均值达到标准规定的指标时判为合格。

📖💡 拓展知识

改性沥青防水卷材不透水性和耐热性检测

项目 9

合成高分子材料的性质与检测

项目目标

知识目标：

1. 掌握合成高分子材料的特点；
2. 掌握建筑塑料的类型与应用；
3. 掌握土工合成物性能检测方法。

能力目标：

1. 能按照设计要求选择不同类型的建筑塑料；
2. 能按照规范检测建筑塑料的性能；
3. 能按照规范检测土工合成物的性能。

素质目标：

1. 培养沟通协调、团队合作的能力；
2. 培养吃苦耐劳、精细规范的品格；
3. 培养精益求精、严谨细致的职业精神。

项目任务

本项目选取的工程为西安某住宅小区项目，位于西安市未央区。项目共有六栋 15 层住宅、三栋 6 层住宅及若干商业用房，地下室一层；结构类型为框-剪结构，基础类型有独立基础和桩基础两种形式，结构设计使用年限 50 年；黄土地区建筑物分类、湿陷等级为Ⅰ级轻微湿陷性，结构安全等级为二级，抗震设防烈度为 8 度，结构环境类别为一类和二 b 类；工程使用的主要结构材料有混凝土、钢筋、水泥砂浆、实心砖、加气混凝土砌块等。

现该工程需要进行 5 号楼门窗安装，拟采用未增塑聚氯乙烯（PVC-U）塑料门窗，请根据相关标准和规范进行该塑料门窗的性能检测，并按该规范填写检测记录表，检测其力学性能是否满足工程需求，为工程质量保驾护航。

任务 9.1 建筑塑料的性质与检测

9.1.1 任务描述

任务单

任务 1	建筑塑料的性质与检测	学时	2
学习目标	1. 掌握防水材料的性能； 2. 掌握不同类型的防水材料； 3. 能够根据工程需求选择合适的防水材料； 4. 会制订小组任务实施计划，组织实施后形成评价反馈； 5. 能够科学严谨地分析问题、解决问题		
任务描述	根据项目施工进度，现西安某住宅小区需要进行 5 号楼门窗安装工程，预采用未增塑聚氯乙烯（PVC-U）塑料门窗，请按照《未增塑聚氯乙烯（PVC-U）塑料门窗力学性能及耐候性试验方法》（GB/T 11793—2008）进行该塑料门窗的力学性能检测。具体任务要求如下： 1. 按照规范调研工程所需要的建筑材料； 2. 根据任务制订本小组工作计划； 3. 按照规范完成塑料门窗的力学性能检测； 4. 填写反馈表		
资讯问题	1. 建筑塑料的组成材料有哪些？		
	2. 建筑中常用的塑料品种有哪些？		
	3. 建筑塑料的特性有什么？		
	4. 常用的建筑塑料制品有哪些？		
	5. 未增塑聚氯乙烯（PVC-U）塑料门窗力学性能的检测步骤有哪些？		
资讯引导	查阅书籍和相关规范、标准，利用国家、省级、校内课程资源学习。 相关规范：《未增塑聚氯乙烯（PVC-U）塑料门窗力学性能及耐候性试验方法》（GB/T 11793　2008）		
思政资源	塑料门窗"落子"装饰制品行业		

9.1.2 任务实施

实施单

任务 1	建筑塑料的性质与检测	学时	2
班级		组号	
实施方式	按最佳计划，各小组成员共同完成实施工作		
试验内容	未增塑聚氯乙烯（PVC-U）塑料窗力学性能检测		
试验方法			
试验步骤			
试验结果与分析			
组长签字		教师签字	日期： 年 月 日

9.1.3 评价反馈

教学反馈单

任务1	建筑塑料的性质与检测		学时	2
班级		学号	姓名	
调查方式	对学生知识掌握、能力培养的程度，学习与工作的方法及环境进行调查			

序号	调查内容	是	否
1	你了解了建筑塑料的特性吗？		
2	你学会了建筑塑料门窗力学性能的测定方法吗？		
3	你能列出常用的建筑塑料制品吗？		
4	你知道窗力学性能试验项目顺序吗？		
5	你对本任务的教学方式满意吗？		
6	你对本小组的学习和工作满意吗？		
7	你对教学环境适应吗？		
8	你有规范计算取值的意识吗？		

其他改进教学的建议：

本调查人签名		调查时间	年　月　日

9.1.4 任务拓展

能力提升单

任务 1	建筑塑料的性质与检测			学时	2
班级		学号		姓名	
巩固强化练习	 线上答题练习				
拓展任务	工程案例： 　某小区一期工程施工时，使用铸铁管作为水管，施工麻烦，而且经常出现水管水流不畅、堵塞现象。后来，二期工程施工时，整个小区水管全部接成 PVC 管，施工方便，缩短了工期，水流不畅等问题也没有出现。 任务发布： 　请各小组同学根据给定资料，在充分调研原材料情况的前提下，阐明 PVC 管比铸铁管具有优势的地方				
工作过程					
组长签字		老师签字		日期：　年　月　日	

9.1.5　相关知识

高分子聚合物按国际理论化学和化学协会的定义是：组成单元相互重复连接而构成的物质。通常认为，聚合物材料包括塑料、橡胶和纤维三类。

高分子材料有许多优良性能，如质轻、比强度高、耐磨、绝缘性好，同时经济效益高，不受地域、气候限制，目前被广泛地应用于工程实际中。

建筑塑料是由高分子聚合物加入一些辅助材料加工形成的塑性材料或固化交联形成的刚性材料。塑料是一种可替代木材、混凝土、钢材的新型材料，在建筑中有着广泛的应用，已成为继水泥、钢材、木材之后的第四种建筑材料，可作为装修装饰材料、防水工程材料，也可制成各种类型的水暖设备，还可作为工程材料，如土工布、塑料模板、聚合物混凝土等。

一、建筑塑料的分类、组成及特点

（一）建筑塑料的分类

塑料的品种很多，分类方法也很多，通常按受热时所发生变化的不同，分为热塑性塑料和热固性塑料。

热塑性塑料是指在特定的温度范围内能反复加热软化和冷却变硬的塑料，如聚乙烯、聚氯乙烯、聚苯乙烯、聚丙烯等。加热软化和冷却硬化可反复多次而性质无明显变化，因此热塑性塑料及其制品可以再生利用，属节能环保材料。热塑性塑料加工成形简单，有较高的力学性能，但耐热性差（100 ℃以下），刚性差，易变形。

热固性塑料受热后先转变成黏稠状态，然后继续发生化学变化至最终固化，这时即使再加热也不会改变形状，所以只能塑制一次。热固性塑料强度高，耐热性好，不易变形，但加工较难，力学性能较差，如酚醛塑料、环氧树脂、脲醛塑料等。

塑料也可按组成成分的多少分为单组分塑料和多组分塑料。单组分塑料仅含有合成树脂；多组分塑料是为了改善性能、降低成本，在单组分塑料中加入填充料、增塑剂、硬化剂、着色剂以及其他添加剂而制成。大多数塑料是多组分塑料。

（二）塑料的组成

1. 合成树脂

合成树脂是塑料中的基本组分，在单组分塑料中树脂的含量几乎为100%，多组分塑料中树脂的含量为30%～70%。树脂不仅起胶结其他组分的作用，而且树脂的种类、性质、数量、用量不同，塑料的物理力学性能、用途及成本也不同。合成树脂是决定塑料基本性质的主要因素。

2. 填　料

填料又称填充料，可改善和增强塑料的物理力学性能，如提高机械强度、硬度、耐热性、耐磨性，增加化学稳定性等，并可降低塑料的成本。填料可分为有机填料和无机填料两类，主要是一些化学性质不活泼的粉状、片状或纤维状的固体物质，如木粉、滑石粉、石英粉、玻璃纤维等，其掺量为 40%～70%。几乎所有的填料都能改善塑料的耐热性，但会降低其力学性能，并使加工变得困难。

3．增塑剂

增塑剂可增加塑料的可塑性，减小脆性，以便于加工，并能使其制品具有柔软性。增塑剂会降低塑料制品的力学性能和耐热性等，所以在选择增塑剂的种类和加入量时，应根据塑料的使用性能来决定。对增塑剂的要求是：应能与合成树脂均匀混合，并具有足够的耐光、耐大气、耐水等稳定性。常用的增塑剂有邻苯二甲酸酯类、酸酯类、二苯甲酮、樟脑等。

4．着色剂

在塑料中加入着色剂后，可使其具有鲜艳的色彩和美丽的光泽。所选用的着色剂应色泽鲜明、分散性好、着色力强、耐热耐晒，在塑料加工过程中稳定性良好，与塑料中的其他组分不起化学反应，同时，还应不降低塑料的性能。常用的着色剂有有机染料、无机染料和颜料，有时也采用能产生荧光或磷光的颜料，如钛白粉、氧化铁红、群青、铬酸铅等。

5．稳定剂

为防止塑料过早老化，延长塑料的使用寿命，常加入少量稳定剂。稳定剂应耐水、耐油、耐化学侵蚀，并能与树脂相溶。常用的稳定剂有光屏蔽剂（炭黑）、紫外线吸收剂（水杨酸苯酯等）、热稳定剂（硬脂酸铅等）、抗氧剂（酚类化合物等）。

6．其他添加剂

为使塑料具有某种特定的性能或满足某种特定的要求而掺入的其他添加剂。如掺入固化剂，可使树脂具有热固性；掺入抗静电剂，可使塑料不易吸尘；掺入发泡剂，可制得泡沫塑料；掺入阻燃剂，可阻滞塑料制品的燃烧，并使之具有自熄性。

二、建筑中常用塑料品种及特性

（一）聚氯乙烯（PVC）

PVC 是建筑中应用最大的一种塑料，它是一种多功能的材料，通过改变配方，可制成硬质的，也可制成软质的。PVC 含氯量为 56.8%。由于含有氯，PVC 具有自熄性，这对于其用作建材是十分有利的。

（二）聚乙烯（PE）

PE 是一种结晶性高聚物，结晶度与密度有关，一般密度越高，结晶度也越高。PE 按密度大小可分为两大类：高密度聚乙烯（HDPE）和低密度聚乙烯（LDPE）。

（三）聚丙烯（PP）

PP 的密度是通用塑料中最小的，为 0.90 g/cm³ 左右。PP 的燃烧性与 PE 接近，易燃而且会滴落，引起火焰蔓延。它的耐热性比较好，在 100 ℃ 时还能保持常温时抗拉强度的一半。PP 也是结晶性高聚物，其抗拉强度高于 PE、PS。另外，PP 的耐化学性也与 PE 接近，常温下它没有溶剂。

（四）聚苯乙烯（PS）

PS 为无色透明类似玻璃的塑料，透光度可达 88% ~ 92%。PS 的机械强度较高，但抗冲击性较差，即有脆性，敲击时会有金属的清脆声音。燃烧时 PS 会冒出大量的黑烟炭束，火焰呈黄橙色，离火源继续燃烧，发出特殊的苯乙烯气味。PS 的耐溶剂性较差，能溶于苯、甲苯、乙苯等芳香族溶剂。

（五）ABS 塑料

ABS 是由丙烯腈、丁二烯和苯乙烯三种单体共聚而成的。具有优良的综合性能，即 ABS 中的三个组分各显其能，丙烯腈使 ABS 有良好的耐化学性及表面硬度，丁二烯使 ABS 坚韧，苯乙烯使它具有良好的加工性能。其性能取决于这三种单体在 ABS 中的比例。

塑料具有优良的加工性能，质量轻，比强度高，绝热性、装饰性、电绝缘性、耐水性和耐腐蚀性好，但塑料的刚度小，易燃烧、变形和老化，耐热性差。建筑塑料常用作装饰材料、绝热材料、吸声材料、防水材料、管道及洁具等。作为建筑材料，塑料的主要特性是：

（1）密度小。塑料的密度一般为 1 000 ~ 2 000 kg/m³，为天然石材密度的 1/3 ~ 1/2，为混凝土密度的 1/2 ~ 2/3，仅为钢材密度的 1/8 ~ 1/4。

（2）比强度高。塑料及制品的比强度高（材料强度与密度的比值）。玻璃钢的比强度超过钢材和木材。

（3）导热性低。密实塑料的导热率一般为 0.12 ~ 0.80W/（m·K）。泡沫塑料的导热系数接近于空气，是良好的隔热保温材料。

（4）耐腐蚀性好。大多数塑料对酸、碱、盐等腐蚀性物质的作用有较高的稳定性。热塑性塑料可被某些有机溶剂溶解，热固性塑料则不能被溶解，仅可能出现一定的溶胀。

（5）电绝缘性好。塑料的导电性低，又因热导率低，是良好的电绝缘材料。

（6）装饰性好。塑料具有良好的装饰性能，能制成线条清晰、色彩鲜艳、光泽动人的塑料制品。

三、常用建筑塑料制品

（一）塑料门窗

塑料门窗是采用 UPVC 塑料型材制作而成的门窗。塑料门窗具有抗风、防水、保温等良好特性，按材质可分为 PVC 塑料门窗和玻璃纤维增强塑料（玻璃钢）门窗。

1. PVC 塑料门窗

（1）在各类建筑窗中，PVC 塑料窗在节约型材生产能耗、回收料重复再利用和使用能耗方面有突出优势，在保温节能方面有优良的性能价格。

（2）为增加窗的刚性，在窗框、窗扇、窗梃型材的受力杆件中，应根据抗风压强度的设计和其他使用要求，确定使用何种增强型钢。

（3）通过 UPVC 树脂与着色聚甲基丙烯酸甲酯（PMMA）或丙烯腈-苯乙烯-丙烯酸酯共聚物 ASA 的共挤出成型，以及在白色型材上覆膜、喷涂可以获得多种质感和多种表面色彩的装饰效果。

2．玻璃纤维增强塑料（玻璃钢）门窗

（1）国外以无碱玻璃纤维增强，制品表面光洁度较好，不需处理可直接用于制窗。国内自主开发的玻璃钢门窗型材一般用中碱玻璃纤维增强，型材表面经打磨后，可用静电粉末喷涂、表面覆膜等多种技术工艺，获得多种色彩或质感的装饰效果。

（2）不得使用高碱玻璃纤维制作型材。

（3）玻璃钢门窗型材有很高的纵向强度，一般情况下，可以不用增强型钢。但门窗尺寸过大或抗风压要求高时，应根据使用要求，确定增强方式。型材横向强度较低。玻璃钢门窗框角梃连接为组装式，连接处需用密封胶密封，防止缝隙渗漏。

（二）塑料地板

塑料弹性地板有半硬质聚氯乙烯地面砖和弹性聚氯乙烯卷材地板两大类。弹性聚氯乙烯卷材地板的优点是：地面接缝少，容易保持清洁；弹性好，步感舒适；具有良好的绝热吸声性能。黏接塑料地板和楼板面用的胶黏剂，有氯丁橡胶乳液、聚醋酸乙烯乳液或环氧树脂等。

（三）塑料墙纸

聚氯乙烯塑料壁纸是装饰室内墙壁的优质饰面材料，可制成多种印花、压花或发泡的美观立体感图案。这种壁纸具有一定的透气性、难燃性和耐污染性。

（四）玻璃纤维增强塑料

用玻璃纤维增强热固性树脂的塑料制品，通常称玻璃钢。它所用的热固性树脂有不饱和聚酯、环氧树脂和酚醛树脂。玻璃钢的成型方法有手糊成型、喷涂成型、卷绕成型和模压成型。它的质量轻、强度高，接近于钢材，耐腐蚀、耐热和电绝缘性好，常用于建筑中的有透明或半透明的波形瓦、采光天窗、浴盆、整体卫生间、泡沫夹层板、通风管道、混凝土模壳等。

（五）泡沫塑料

泡沫塑料是一种轻质多孔制品，不易塌陷，不因吸湿而丧失绝热效果，因此是优良的绝热和吸声材料。产品有板状、块状或特制的形状，也可以进行现场喷涂。建筑中常用的有聚氨酯泡沫塑料、聚苯乙烯泡沫塑料与脲醛泡沫塑料。聚氨酯的优点是可以在施工现场用喷涂法发泡，它与墙面其他材料的黏结性良好，并耐霉菌侵蚀。

（六）塑料管材及配件

用塑料制造的管材及接头管件，已广泛应用于室内排水、自来水、化工及电线穿线管等管路工程中。常用的塑料有硬聚氯乙烯、聚乙烯、聚丙烯以及 ABS 塑料（丙烯腈-丁二烯-苯乙烯的共聚物）。塑料管道是节能的建筑材料，生产能耗和需水能耗低，产品生产对环境影响小，还具有耐蚀、耐久、资源可再利用等特点。目前常用建筑塑料管如下：

1. 硬聚氯乙烯（PVC-U）管

硬聚氯乙烯管材以聚氯乙烯树脂为主要原料，加入必要的添加剂，经复合共挤成型的芯层发泡复合管材，通常直径 40~100 mm，使用温度不大于 40 ℃。主要用于给水管道的非饮用水与排水管道、雨水管道。内壁光滑阻力小、不结垢，无毒无污染，耐腐蚀、抗老化性能好，难燃，可采用橡胶圈柔性接口安装。

2. 氯化聚氯乙烯（PVC-C）管

氯化聚氯乙烯（PVC-C）管具有高温机械强度高、耐压的特点。阻燃、防火、导热性能低，管道热损失少，安装时管材与管件连接方法可以黏结连接，也可用螺纹连接、法兰连接和焊条连接。管道内壁光滑，抗细菌的滋生性能优于铜、钢和其他塑料管道。其主要用于冷热水管、消防水管系统、工业管道系统，使用寿命可达 50 年，使用温度限值高达 90 ℃。

3. 无规共聚聚丙烯管（PP-R 管）

无规共聚聚丙烯管件是以无规共聚聚丙烯管材料为原料，经挤出成型的管件。其适用于建筑物内冷热水管道系统，包括工业及民用冷热水、饮用水和采暖系统，不得用于消防给水系统等。该产品具有优良的耐性和较高强度，管材管件采用承插热熔连接，也可带电热丝配件电热熔连接，与金属阀门采用铜镀铬金属丝扣连接，施工工具应由生产企业配套。

4. 丁烯管（PB 管）

丁烯管（PB 管）具有较高的强度，无毒、韧性好，但易燃、膨胀系数大，价格高。可应用于冷热水管和饮用水管，特别适用于薄壁小口径压力管道，如地板辐射采暖系统的盘管。

5. 交联聚乙烯管（PEX 管）

交联聚乙烯管（PEX 管）具有无毒、卫生、透明的特点，有弯折记忆性，不可热熔连接，低温抗脆性较差，可用于纯净水输送管、水暖供热系统、中央空调管道系统、太阳能热水器系统及其他液体输送等。阳光照射下 PEX 管会加速老化，使用寿命缩短，主要用于地板辐射采暖系统的盘管。

6. 铝塑复合管

铝塑复合管的基本构成由内而外依次为塑料、热熔胶、铝合金、热熔胶、塑料，是最早替代铸铁管的供水管。它具有较好的保温性能；内外壁不易腐蚀；因内壁光滑，对流体阻力很小，可随意弯曲，安装施工方便。作为供水管道，铝塑复合管有足够的强度，施工中要通过严格的试压，检验连接是否牢固。铝塑复合管的连接是卡套式（或是卡压式），应防止振动使卡套松脱，同时安装应留足一定的量以免拉脱。其应用于冷热水管、饮用水管等，但宜作明管施工或埋于墙体内，甚至可以埋入地下。

四、建筑塑料性能检测——未增塑聚氯乙烯（PVC-U）塑料窗力学性能检测

（一）试验项目及进行顺序

试验项目为各类塑料窗的力学性能。试验项目的进行顺序应按照锁紧器（执手）开关力、窗的开关力、悬端吊重、翘曲或弯曲、扭曲、对角线变形、撑挡、开启限位器、反复起闭性能、大力关闭依次进行。

（二）试验装置

塑料窗的力学性能试验装置如下：

（1）窗试件的固定装置：能保证窗体竖直，稳定地被固定，不会因为试样上施加外力而发生任何方向的位移，并不应妨碍窗扇开关方向的自由度。

（2）加力和测力装置：除特殊说明外，加力装置应保证试验负荷能连续无冲击施加在试样上，并能保持设定值，其力值准确度不低于 0.5 级，满量程不应超过 1 000 N，测力装置示值精度为 1 N。

（3）测量位移（变形）的装置：包括位移测定器及使其定位的装置，位移测量过程中测量装置本身不会发生任何方向的位移，测量装置不应对试样施加影响试验结果的外力，测量精度不低于 0.1 mm，并具有试验数据实时记录功能。

（4）窗的反复启闭性能试验装置：应满足《建筑门窗反复启闭性能检测方法》（JG/T 192—2006）中第 5 章的规定。

（5）焊接角破坏力测定装置：力值测量精度为 ±1%，测量范围为 0～20 kN，能保证试验负荷以 50 mm/min ± 5 mm/min 的速度平稳、连续、无冲击地施加到试样上；能显示记录试样破坏前（含破坏时）能承受的最大应力，且应具有防止试样破碎飞溅伤人的保护装置。

（三）试 样

1. 试样的工艺及规格要求

如无特殊说明，不应附加多余的零配件或采用特殊的组装工艺，试样的规格型号和镶嵌方式应符合有关的标准或设计要求。

2. 试样制备

试样采用 3 樘相同规格、型号的成品塑料窗，焊接角应从未进行镶嵌工艺的半成品窗框、扇的焊接件上用机加工的方式取得相同规格、型号的 5 个试件。

3. 状态调节

试样应放置在 18～28 °C 之间的环境下进行状态调节至少 24 h 后，然后再进行各项性能试验。

（四）试验项目

1. 锁紧器（执手）开关力试验

（1）原理。

测量实际使用条件下，锁紧器或执手的开启力值。

（2）试验步骤。

在锁紧器的手柄上，距其转动轴心 100 mm 处，挂一个量程为 0～150 N 的测力弹簧秤，沿垂直手柄的运动方向以顺或者逆时针方向加力，直到手柄移动使门扇松开或者紧闭，记录测量过程中所显示的最大力值，取 3 樘试样中试验数值的最大值，作为锁紧器（执手）的开力或关力。

2．窗的开关力试验

（1）原理。

测量实际使用条件下，移动窗扇所需要的力值。

（2）试验步骤。

打开窗扇的锁闭装置，使用带有最大示值功能、示值精度为 1 N 的弹簧秤，钩住窗的执手处，用手通过弹簧秤拉动窗扇，使其开启或关闭，读取开启或关闭过程弹簧秤显示的最大读数，取 3 樘试样中试验数值的最大值作为本试验的结果。

3．悬端吊重试验

（1）原理。

悬端吊重试验是测定开着的窗户在受到外加垂直荷载作用时的性能。

（2）试验步骤。

在开启角度为 90°±5° 的窗扇自由端的扇框型材中心线上，施加 500 N 的垂直向下负荷，保持 5 s 后立即卸荷，卸荷 60 s 后，记录窗扇自由端扇框型材中心线上测试点的位置初始读数 L_0，读数精确到 0.01 mm。进行第二次加荷（500 N），保持 60 s。记录此时的测试点的读数 L_1，立即卸荷，60 s 后，记录测量仪器上的读数 L_2，单位均为 mm，检查窗户开关功能是否正常，并记录。

（3）结果和表示。

负载变形按式（9-1）计算，残余变形按式（9-2）计算：

$$负载变形 = L_1 - L_0 \tag{9-1}$$

$$残余变形 = L_2 - L_1 \tag{9-2}$$

式中　L_0——测试点的位置初始读数，单位为毫米（mm）；

　　　　L_1——第二次加荷 60 s 时，测试点的读数，单位为毫米（mm）；

　　　　L_2——第二次加荷并卸荷 60 s 后测试点的读数，单位为毫米（mm）。

4．翘曲或弯曲变形试验

（1）原理。

翘曲或弯曲变形试验是模拟窗扇的一角被卡住时，强行开窗或人依靠在打开着的窗扇上以及受风力时，窗扇产生变形的情况。

（2）试验步骤。

各类塑料窗的翘曲或弯曲变形试验步骤如下：

① 平开窗及悬窗的翘曲变形是将窗扇的锁闭打开，并使窗扇的一角卡住，在窗扇执手处施加 300 N 的负荷，保持 5 s 后卸除，卸除负荷 60 s 后记录执手处测量位移装置

上的初始读数 L_0，精确到 0.01 mm。再进行第二次加荷（300 N），保持 60 s，记录测量位移装置上的初始读数 L_1，立即卸荷，卸荷 60 s 后，记录测量装置上读数 L_2。读数单位均为 mm。检查窗户开关功能是否正常，试件是否破坏，并记录。

②进行推拉窗的弯曲变形试验时将窗扇处于半开状态，负荷的位置应处于窗扇开启边竖梃的中点，负荷方向垂直于窗平面。施加 300 N 的负荷，保持 5 s 后卸除，卸除负荷 60 s 后记录测量位移装置上的初始读数 L_0，精确到 0.01 mm。再进行第二次加荷（300 N），保持 60 s，记录测量位移装置上的初始读数 L_1，立即卸荷，卸荷 60 s 后，记录测量装置上的读数 L_2。读数单位均为 mm。检查窗户开关功能是否正常，试件是否破坏，并记录。

（3）结果和表示。

负载变形按式（9-1）计算，残余变形按式（9-2）计算。

5. 扭曲变形试验

（1）原理。

扭曲变形试验是模拟推拉窗在使用过程中，当窗扇突然受阻而强行推拉时，窗扇框执手之处受扭曲变形的情况。

（2）试验步骤。

在推拉窗扇框执手处，施加 200 N 与开关方向一致的负荷，加、卸荷步骤及变形记录依照悬端吊重试验的步骤。测定第二次加荷及卸荷后执手处的负载变形及残余变形，单位为 mm，精确到 0.01 mm。检查并记录窗户开关功能是否正常。对于没有外凸执手的推拉窗可不做扭曲试验。

（3）结果和表示。

负载变形按式（9-1）计算，残余变形按式（9-2）计算。

6. 对角线变形试验

（1）原理。

对角线变形试验是测定推拉窗在开关过程中，窗扇受阻时其对角线的变形情况。

（2）试验步骤。

试验是在窗扇的一角被卡住的情况下，在窗扇的执手处，施加与推拉方向一致的负荷 200 N，加、卸荷步骤及变形记录依照悬端吊重试验的步骤，测定第二次加荷时及卸荷后窗扇对角线的变形，单位为 mm，精确到 0.1 mm。检查窗户开关功能是否正常。

7. 撑挡试验

（1）原理。

撑挡试验是测定撑挡受力（如阵风吹袭窗扇）时的承受能力。

（2）试验步骤。

试验时，窗扇处于稳定的开启状态，在执手处垂直于执手施加 200 N 负荷，依照悬端吊重试的规定进行加、卸荷及变形的记录。测定撑挡处在荷载作用下的变形及卸荷后的残余变形，单位为 mm，精确到 0.01 mm。

（3）结果表示。

负载变形按式（9-1）计算，残余变形按式（9-2）计算。

8. 开启限位器试验

（1）原理。

开启限位器试验是模拟关闭着的窗扇被阵风吹开时，检验窗扇开启限位器遭受猛然开启力作用的承受能力。

（2）试验步骤。

试验时，窗扇先处于关闭状态，施加 10 N 的开启力将窗扇拉开，限位器则受到 10 N 的负荷以及窗扇惯性冲击。重复该步骤 10 次，检查并记录试验过程中及试验后窗扇机器限位器的损坏情况。

9. 窗的反复启闭性能试验

依照《建筑门窗反复启闭性能检测方法》（JG/T 192—2006）第 9 章进行。

10. 大力关闭试验

（1）原理。

大力关闭试验是模拟开着的窗，当撑挡没有锁紧或因功能失效时，在阵风吹袭下窗扇与框发生猛烈碰撞时的承受能力。

（2）试验步骤。

试验时将窗扇开启 45° ± 5″，松开撑挡，使窗扇在负荷作用下猛力关闭，重复该步骤 10 次，观察并记录试样有无损坏。试验负荷应通过定滑轮作用在窗扇的执手处，其大小应相当于七级风的作用力的一半，即为 75 Pa 乘以窗扇的面积。

11. 焊接角破坏力试验

（1）原理。

焊接角破坏力试验是为了测定窗扇和窗框的角隅部位的断裂强度。

（2）试验步骤。

试样只清理 90°角的外缘，试样支撑面的中心长度 a 为 400 mm ± 2 mm，支撑部分加工成 45°角。将试样的两端放在活动支撑座上，向焊接头或者 T 型接头处施加压力，直至断裂为止，记录最大力值 F。

（3）结果和表示。

根据生产商或者相关单位提供的型材截面图进行焊接角最小破坏力的计算，计算方法见公式（9-3）：

$$F_e = (4 \times \sigma_{min} \cdot W)/(a - 2^{1/2}e) \tag{9-3}$$

其中

$$W = I/e \tag{9-4}$$

式中　F_e——焊接角最小破坏力，单位为牛顿（N）；

σ_{min}——型材最小破坏应力，设定为 35 MPa；

a ——试样支撑面的中心长度，单位为毫米（mm）；

e——临界线 AA' 与中性轴 ZZ' 的距离，单位为毫米（mm）；

W——应力方向的倾倒矩，单位为立方毫米（mm³），计算方法见公式（9-4）；

I——型材横断面 ZZ' 轴的惯性矩，T 型焊接的试样应使用两面中惯性矩的较小的值，单位为四次方毫米（mm^4）。

记录每个试样的实测焊接角破坏力 F，并计算 5 个试样的算术平均值，计算结果与焊接角最小破坏力 F_e 进行比较。

拓展知识

玻璃纤维增强塑料

任务 9.2　土工合成物的性质与检测

9.2.1　任务描述

任务单

任务 2	土工合成物的性质与检测	学时	2
学习目标	1. 掌握土工布的种类与特点； 2. 能够严格按照规范要求独立进行土工合成物及其有关产品无负荷时垂直渗透特性的测定； 3. 会制订小组任务实施计划，组织实施后形成评价反馈； 4. 能够科学严谨地分析问题、解决问题		
任务描述	根据项目施工进度，现西安某住宅小区需要进行地下停车场施工，土工合成物在停车场、运动场等工程中能起到反滤、排水、加筋等作用。请在施工前按照《土工布及其有关产品无负荷时垂直渗透特性的测定》（GB/T 15789—2016）进行检测，具体要求： 1. 按照要求准备试样； 2. 按照规范检查仪器设备； 3. 按照规范检测土工合成物无负荷时垂直渗透特性的测定； 4. 填写检测记录表与结果评定		
资讯问题	1. 什么是土工合成物？		
	2. 土工合成物有哪些特点与分类？		
	3. 土工合成物在工程中起到什么作用？		
	4. 如何测定土工合成物及其有关产品无负荷时的垂直渗透特性？		
资讯引导	查阅书籍和相关规范、标准，利用国家、省级、校内课程资源学习。 相关规范：《土工布及其有关产品无负荷时垂直渗透特性的测定》（GB/T 15789—2016）		
思政资源	新型土工布投产　基建材料再添科技羽翼		

277

9.2.2 任务实施

实施单

任务 2	土工合成物的性质与检测		学时	2
班级			组号	
实施方式	按最佳计划，各小组成员共同完成实施工作			
试验内容	土工合成物性能检测			
试验环境	温度	湿度	是否满足试验要求	是 否
试验方法				
试验设备				
试验步骤				
试验结果与分析				
组长签字		教师签字		日期： 年 月 日

278

9.2.3　评价反馈

教学反馈单

任务2	土工合成物的性质与检测		学时	2
班级		学号		姓名	
调查方式	对学生知识掌握、能力培养的程度，学习与工作的方法及环境进行调查				

序号	调查内容	是	否
1	你清楚土工合成物的种类吗？		
2	你能列出土工合成物的特点吗？		
3	你能列出土工布在道路工程中的作用吗？		
4	你学会了无负荷时垂直渗透特性的检测方法吗？		
5	你能够判定本次试验结果吗？		
6	你对本任务的教学方式满意吗？		
7	你对本小组的学习和工作满意吗？		
8	你对教学环境适应吗？		
9	你有规范计算取值的意识吗？		

其他改进教学的建议：

本调查人签名		调查时间	年　月　日

9.2.4 任务拓展

能力提升单

任务2	土工合成物的性质与检测		学时	2
班级		学号	姓名	

巩固强化练习	线上答题练习
拓展任务	工程案例： 　根据项目施工进度，现某小学需要进行运动场建设施工，土工合成物在停车场、运动场等工程中能起到反滤、排水、加筋等作用。请在施工前按照《土工布及其有关产品无负荷时垂直渗透特性的测定》(GB/T 15789—2016)进行检测，具体要求： 　分组完成本次施工所需土工布有关产品单位面积质量的测定
工作过程	

组长签字		老师签字		日期： 年 月 日

9.2.5 相关知识

土工合成材料是以高分子聚合物为原料的新型建筑材料，其广泛应用于土木工程各个领域。它的种类很多，其中有一类具有透水性的布状织物，称为土工织物，俗称土工布。织物的成分是人造聚合物，常用的有聚丙烯（丙纶）、聚酯（涤纶）、聚乙烯、聚酰胺（锦纶）、尼龙和聚偏二氯乙烯等。目前土工合成材料主要包括：土工织物（透水、布状），土工网、格、垫（粗格或网状），土工薄膜（不透水、膜状）和土工复合材料（以上材料的组合）。

一、土工布的种类和特点

按照不同的制造工艺，可将土工布分为有纺、无纺、编织和复合织物四种。

1. 有纺织物

由经线和纬线相互交织而成的织物即为有纺织物，它与日用布相似，可分为平纹织物（经、纬线相互垂直）和斜纹织物。

（1）单丝有纺织物。织物的成分大多为聚酯或聚丙烯，单丝的横截面为圆形或长方形。单丝有纺织物一般为中等强度，主要用作反滤材料。

（2）复丝有纺织物。由许多细纤维的纱线织成。纤维原料多为聚丙烯和聚酯，薄膜丝原料为聚乙烯。主要用于加筋，在铺设时应注意使其最大强度方向与最大应力方向一致。此种织物价格较高，应用受到限制。

（3）扁丝有纺织物。由宽度大于厚度许多倍的纤维织造而成。常见的扁丝织物是聚丙烯薄膜织物，扁丝之间不经黏合、易撕裂。但此织物具有较高的强度和弹性模量，主要用作分隔材料。

2. 无纺织物

无纺织物是指将纤维沿一定方向或随机地以某种方法相互结合而制成的织物。无纺织物的原料几乎全是聚酯、聚丙烯或由聚丙烯与尼龙纤维混纺制成。其价格较低，具有中、低强度和中等至较大的破坏延伸率，已广泛用作反滤、隔离和加筋材料。

3. 编织织物

编织织物是指由一股或多股纱线组成的线卷相互连锁而制成，又称"针织物"。使用单丝和复合长丝，能够织成各种管状织物。编织织物造价较低，但在工程领域中较少应用。

4. 复合织物

复合织物是指将编织织物、有纺织物和无纺织物等重叠在一起，用黏合或针刺等方法使其相互组合加工而成的织物。许多专门用于排水的复合织物由两层薄反滤层中间夹一厚透水层组成。反滤层一般是热黏合无纺织物，透水层是厚型针织物或特种织物。

二、土工布在道路工程中的应用

合成织物用于土木工程始于 20 世纪 50 年代末，最早是美国人 R.J.Barrett 在佛罗里达州将透水性合成纤维有纺织物铺设在混凝土块下，作为防冲刷保护层。20 世纪 70 年代以后，国外织物的应用从公路、铁路的路基工程逐步扩展到挡土墙、土坝等大型永久性工程。20 世纪 80 年代初，我国铁道部门开始试用无纺织物，自 80 年代中期，水利、港建、航道和公路部门开始推广使用，其作用如下：

1. 排水作用

织物是多孔隙透水介质，埋在土中可以汇集水分，并将水排出土体。织物不仅可以沿垂直于其平面的方向排水，也可以沿其平面方向排水，即具有水平排水功能。

2. 反滤作用

为防止土中细颗粒被渗流潜蚀（管涌现象），传统上使用级配粒料滤层。而有纺和无纺织物都能取代常规的粒料，起反滤层作用。工程中往往同时利用织物的反滤和排水两种作用。

3. 分隔作用

在岩土工程中，不同的粒料层之间经常发生相互混杂现象，使各层失去应有的性能。将织物铺设在不同粒料层之间，可以起分隔作用。例如，在软弱地基上铺设碎石粒料基层时，在层间铺设织物，可有效地防止层间土粒相互贯入和控制不均匀沉降。织物的分隔作用在公路软土路基处理中效果很好。

4. 加筋作用

织物具有较高的抗拉强度和较大的破坏变形率，以适当方式将其埋在土中，作为加筋材料，可以控制土的变形，增加土体稳定性，可用于加筋土挡墙中。在一项工程中，可要求织物发挥多种作用，见表 9-1。

表 9-1　织物在工程中的各种作用

主要作用	工程	次要作用	主要作用	工程	次要作用
分隔	道路和铁路路基	反滤、排水、加筋	加筋	沥青混凝土路面	—
	填土、预压稳定	排水、加筋		路面底基层	反滤
	边坡防护、运动场、停车场	反滤、排水、加筋		挡土结构	排水
排水	挡土墙、垂直排水	分隔、反滤		软土地基	分隔、排水、反滤
	横向排水（铺在薄膜下）	加筋		填土地基	排水
	土坝	反滤	反滤	沟渠、基层、结构和坡脚排水	分隔、排水
	铺在水泥板下	—		堤岸防护	分隔

三、土工合成物性能检测

土工布及其有关产品无负荷时垂直渗透特性的测定。

（一）试 样

（1）取样要求。样品不得折叠，并尽量减少取放次数，以避免影响其结构。样品应置于平坦处，不得施加任何压力。

（2）抽样。按照《土工合成材料 取样和试样准备》（GB/T 13760—2009）从样品中抽取试样。

（3）数量及尺寸。从样品中抽取 5 个试样，试样尺寸要同试验仪器相适应。如果有必要使测定结果的平均值落在给定的置信区间内，则试样的数量要按照《数据的统计处理和解释 正态分布均值和方差的估计与检验》（GB/T 4889—2008）确定。

（4）试样条件。试样应清洁，表面无污物，无可见损坏或折痕。

（二）试验方法

恒水头法。

（三）试验原理

在系列恒定水头下，测定水流垂直通过单层、无负荷的土工布及其有关产品的流速指数及其他渗透特性。

（四）试验仪器

（1）仪器夹持的试样表面可能会观察到有气泡，夹持试样处的内径至少为 50 mm，并满足下列要求：

① 仪器可以设置的最大水头差至少为 70 mm，并在试验期间可以在试样两侧保持恒定的水头。要有达到 250 mm 的恒定水头的能力。

② 仪器夹持试样处的平均内径尺寸应已知，并至少精确到 0.1 mm。试样过水外径应同仪器夹持试样处的内径相同。在试样两侧，仪器的内径至少应在 2 倍内径的范围内保持恒定，避免直径的突然变化。

或者水流可以充入直径至少为试样外径 4 倍的水槽中，在这种情况下，从土工布到水槽底部的距离至少为试样外径的 1.5 倍。

如果产品有明显的图案，则这种图案在试样直径的范围内至少重复三次。

③ 如有必要，为避免试样明显变形，要使用直径 1 mm 的金属丝网格和（10±1）mm尺寸的筛网放置在试样的下面，以在试验期间支撑试样。

④ 当仪器中无试样但有试样支撑网格时，在任何流速测定的水头差必须小于 1 mm。

（2）水的供给、质量和调温。

① 水温宜在 18～22 ℃。

② 由于试样会截留气泡而影响试验，水不能直接从主给水处直接进入仪器。水最好要经过消泡处理或者从静止水槽中引入。水不宜连续重复使用。

③ 水中的溶解氧不得超过 10 mg/kg。溶解氧含量的测定在水进入仪器处实施。

④ 如果水中的固体悬浮物明显可见，或者固体积聚于试样上或试样内而使流量随时间减少，要对水进行过滤处理。

（3）溶解氧的测定仪器或仪表，符合《水质 溶解氧的测定 碘量法》（GB/T 7489—1987）的规定。

（4）秒表。精确到 0.1 s。

（5）温度计。精确到 0.2 ℃。

（6）量筒。用来测定水的体积，精确到量筒量程的 1%。

如果通过水的体积来计算流速，应精确到量筒量程的 1%；如果直接测量流速，测量表要校正准确到其读数的 5%；如果通过水的质量来计算流速，应精确到 1%。

（7）测量施加水头的装置，精确到 3%。

（五）试验步骤

（1）在实验室温度下，置试样于含湿润剂的水中，轻轻搅动以驱走空气，至少浸泡 12 h。湿润剂采用体积分数为 0.1% 的烷基苯磺酸钠。

（2）将 1 个试样放置于仪器内，并使所有的连接点不漏水。

（3）向仪器注水，直到试样两侧达到 50 mm 的水头差。关掉供水，如果试样两侧的水头在 5 min 内不能平衡，查找仪器中是否有隐藏的空气，重新实施本程序。如果水头在 5 m 内仍不能平衡，应在试验报告中注明。

（4）调整水流，使水头差达到（70±5）mm，记录此值，精确到 1 mm。待水头稳定至少 30 s 后，在固定的时间内，用量杯收集通过试样的水量，水的体积精确到 10 cm³，时间精确到 1 s。收集水量至少 1 000 mL 或收集时间至少 30 s。

如果通过水的体积来计算流速，量筒的量程不应超过收集水的体积的 2 倍。

如果使用流量计，宜设置能给出水头差约 70 mm 的最大流速。实际流速由最小时间间隔 15 s 的 3 个连续读数的平均值得出。

（5）分别在最大水头差约 0.8、0.6、0.4 和 0.2 倍时，重复上一个步骤，从最高流速开始，到最低流速结束。

注：如果土工布及其有关产品的总体渗透性能已经预先确定，则为了控制材料的质量，只需测定在 50 mm 水头差时的流速指数。

如果使用流量计，适用同样的原则。

（6）记录水温，精确到 0.2 ℃。

（7）对其余试样重复第二步至第六步进行试验。

（六）计算及结果表达

按照下式计算 20 ℃ 的流速（m/s）：

$$v_{20} = \frac{VR_{\mathrm{T}}}{At}$$

式中　V——水的体积，单位为立方米（m^3）；

R_{T}——20 °C 水温校正系数；

T——水温，单位为摄氏度（°C）；

A——试样过水面积，单位为平方米（m^2）；

t——达到水的体积 V 的时间，单位为秒（s）。

如果流速 v 直接测定，温度校正按照下式计算：

$$v_{20} = v_{\mathrm{T}} R_{\mathrm{T}}$$

拓展知识

土工布及土工布有关产品单位面积质量的测定方法

参考文献

[1]　赵华玮. 建筑材料与检测[M]. 郑州：郑州大学出版社，2021.

[2]　卢经扬，解恒参，朱超. 建筑材料与检测[M]. 北京：中国建筑工业出版社，2020.

[3]　魏鸿汉. 建筑材料[M]. 北京：中国建筑工业出版社，2007.

[4]　张健. 建筑材料与检测[M]. 北京：化学工业出版社，2008.

[5]　王燕谋. 中国水泥发展史[M]. 北京：中国建材工业出版社，2005.

[6]　苏达根. 水泥与混凝土工艺[M]. 北京：化学工业出版社，2004.

[7]　王忠德，张彩霞，方碧华，等. 实用建筑材料试验手册[M]. 北京：中国建筑工业
　　　出版社，2003.

[8]　张伟，王英林，刘杰，等. 建筑材料与检测[M]. 北京：北京邮电大学出版社，2018.

[9]　孙家国，叶琳，张冬梅. 建筑材料与检测[M]. 郑州：黄河水利出版社，2011.

[10]　钱晓倩，詹树林，金南国. 建筑材料[M]. 北京：中国建筑工业出版社，2009.

[11]　张敏，江晨晖. 建筑材料[M]. 北京：中国建筑工业出版社，2010.

[12]　王秀花. 建筑材料[M]. 北京：机械工业出版社，2009.

[13]　朱超，程丽. 建筑材料与检测[M]. 南京：南京大学出版社，2019.

[14]　赵志强，朱效荣，陆总兵. 混凝土生产工艺与质量控制[M]. 北京：中国建筑工业
　　　出版社，2017.